設計技術シリーズ

IoTシステムとセキュリティ

［著］
東芝デジタルソリューションズ

科学情報出版株式会社

目 次

1. はじめに …………………………………………1

2. IoTのセキュリティ課題
2.1. インダストリアルIoTにおけるセキュリティの課題 ……………9
2.2. IoTシステムに求められるセキュリティ ………………… 13
2.3. セキュリティ国際標準規格・ガイドライン ……………… 15

3. IoTシステムセキュリティリファレンスアーキテクチャ
3.1. セキュリティバイデザインの考え方 ………………… 31
3.2. セキュリティリファレンスアーキテクチャ ……………… 32

4. IoTシステムの開発プロセスと注意点
4.1. プロトタイプ開発 ……………………………… 47
4.2. 要件定義 …………………………………… 48
4.3. 基本設計～システム設計 ……………………… 50
4.4. プログラム設計 ……………………………… 53
4.5. 結合テスト～システムテスト …………………… 58
4.6. 受入れテスト～運用・保守 ……………………… 60
4.7. 廃棄 ………………………………………… 64

5．IoTシステムの脅威分析／リスクアセスメント
5.1．脅威分析／リスクアセスメント ･････････････････････････ 70
5.2．セキュリティ基準で求められるセキュリティ要件 ･･････････ 79

6．リファレンスアーキテクチャのセキュリティ要件定義例
6.1．OOBモデルの脅威分析・要件定義の実施例･･･････････････ 86
6.2．TOUCHモデルの脅威分析･･･････････････････････････ 98

7．おわりに ･･103

用語 ･･･108

参考文献 ･･･112

図目次

図2-1	デジタルトランスフォーメーション	9
図2-2	制御システムのオープン化/IoT化	11
図2-3	セキュリティライフタイムプロテクション	14
図2-4	日本におけるIoT関連ガイドライン	17
図2-5	三層構造モデル	21
図2-6	制御システムのセキュリティ標準規格	25
図3-1	セキュリティリファレンスアーキテクチャ	32
図3-2	2軸の多層防御	35
図3-3	製品システム軸のレベルごとの対策	35
図3-4	ミドルウェア層〜ファームウェア層への脅威	36
図3-5	ミドルウェア層〜ファームウェア層への脅威に対する対策	36
図3-6	ハードウェア層への脅威	37
図3-7	TEEによるハードウェア層への脅威に対する対策	38
図3-8	多層防御を表したスイスチーズモデル	38
図3-9	インダストリアルIoTシステム進化の段階に応じた三つのモデル	39
図3-10	OOB（Out-Of-Bound）モデル（完全分離モデル）	41
図3-11	TOUCHモデル（接続されているが分離して考えるモデル）	41
図3-12	INLINEモデル（制御システム内部のセキュア化モデル）	42
図4-1	製品／システム開発プロセス（1）	46
図4-2	製品／システム開発プロセス（2）	46
図5-1	「敵対的な脅威」のイメージ例	70
図5-2	リスク因子の関係性	75
図5-3	最終リスク判定のためのアセスメントスケール例	76
図5-4	脅威分析／リスクアセスメントのフロー	77
図5-5	アジャイル型のセキュリティバイデザイン戦略	78
図5-6	脅威と対策の関係性	80
図6-1	OOBモデルIoTシステム構成例（概要）	87
図6-2	セキュリティ脅威の概念図	90

図6-3	OOBモデルIoTシステム構成例（詳細）	91
図6-4	OOBモデルIoTシステムI/F図	91
図6-5	M2Mサービス 通信路　脅威源マッピング図	92
図6-6	M2Mサービス I/F　脅威源マッピング図	93
図6-7	理想的な脅威分析の流れ	99

表目次

表2-1	開発指針一覧	17
表2-2	IoTセキュリティガイドライン概要	19
表2-3	IoTシステムにおける基本原則	19
表2-4	フレームワークコアの構造	23
表2-5	フレームワークコアの機能とカテゴリー	24
表2-6	IEC 62443シリーズ一覧	27
表3-1	主なセキュリティ基準におけるセキュリティレベル	34
表5-1	脅威源のタイプ例	71
表5-2	脅威源の追加特徴のスコアリングの例	73
表5-3	脅威事象例	74
表5-4	セキュリティレベル	79
表6-1	想定するユースケースシナリオ	89
表6-2	IoTシステムの正規関与者	89
表6-3	IoTシステムの保護資産	90
表6-4	脅威発生箇所の種別	90
表6-5	M2Mサービスに係る機能一覧	91
表6-6	通信路レベル1脅威-セキュリティ要件一覧表	95
表6-7	サービス不能攻撃対策	96

1
はじめに

さまざまなデバイスがインターネットを介してつながるモノのインターネット化 (IoT[1]) や、サイバーフィジカルシステム、デジタルツインあるいはデジタルトランスフォーメーションが、社会インフラや産業分野において注目を集めている。サイバーフィジカルシステム[2]とは、実世界や人から得られるデータを収集・分析し活用することで、あらゆる社会システムの効率化、新しい産業の育成、知的生産性の向上等を目指すサービスおよびシステムを指している。またデジタルツインは、現実世界を模したデジタル空間をシステム上に構築し、工場、製品、あるいは社会システム等の動きをそのうえでシミュレーションすることによって、異常や故障などを発生前に予知し、回避するなどの効果を実現するコンセプトのことである。

　その一方で、多種多様なシステムや膨大な設備と機器、無数の利用者などがつながるこの変革に乗じ、想定していなかった新たな脅威が出現しているのも事実である。中でも懸念されているのが、エネルギーや製造、交通、医療機関といった、人々の生活に密着した重要なインフラを支える制御システムのセキュリティリスクである。これまでは外部のネットワークから隔離された状態で運用されていたこうしたシステムが、IoT ネットワークとつながることで、攻撃される対象となる恐れが出てきた。セキュリティが脆弱なセンサーやカメラが1台でもあれば、この死角をピンポイントでつかれ、システム全体が攻撃にさらされかねない。

　ここ数年の間に世界で発生したサイバー攻撃による被害の事例をみれば、実際に、社会インフラがターゲットとされたケースが急速に増加し

---

[1] Internet of Things
[2] Cyber Physical System

1．はじめに

ていることが分かる。

　2016年にウクライナで発生した数百万世帯もの大停電は、同国首都にある電力会社が感染した未知のマルウェアによるものであったといわれている。また2016年から2017年にかけては、医療機器の脆弱性が次々と顕在化し、それらの機器が乗っ取られて遠隔操作されることによる人命への危険性が指摘された。さらに2017年に猛威を振るったランサムウェアは、多くの工場や社会インフラの操業に影響を及ぼし、全世界で甚大な被害を引き起こしている。

　このように、かつては情報システムの課題であったセキュリティの脅威が、人々の生命と安全に影響を与える制御システムの領域にまで、及びはじめている。また、サイバー攻撃のコモディティー化が、脅威に拍車をかけている。サイバー攻撃を行うためのツールがウェブ上で容易に購入できるうえ、クラウドサービスを使うことで攻撃に必要な環境が誰にでも簡単に手に入る時代。いつどこで、どんな集団が、企業の事業継続ばかりか、人々の生活や社会までをも脅かすような攻撃に打って出るのか予測もつかない。

　こうした状況を踏まえて、企業が取り組むべきIoTシステムのセキュリティを考える必要がある。従来から企業が取り組んできた情報セキュリティの課題はもとより、サイバーとフィジカルを融合するというこれまでになかったシステムの特徴によって生じる、新たなセキュリティの課題への対策を確立しなければならない。

　本書は、IoTシステムの開発者向けに、セキュリティ設計の考え方を紹介する。個々のシステムのセキュリティ設計者はもとより、企業にお

いてセキュリティ設計開発プロセスの整備に取組んでいる担当者、あるいは、IoT時代の新しいセキュリティ技術に取組んでいる研究者等、様々な立場でIoTシステムのセキュリティに携わっている技術者に役立つ内容にすることを試みた。

まず2章で、IoT、特にインダストリアル領域のIoTに関するセキュリティ上の課題を整理する。こうしたセキュリティ課題に取り組む上で、情報システムを運用する組織のセキュリティマネジメント〔用語〕で行われてきた「現状把握→予防→検知→対策」のサイクルを、IoTのセキュリティマネジメントにも適用することが有効である。このためのコンセプトについて説明する。また3章以降の準備として、国内外で策定されつつある、IoTシステムのセキュリティに関する国際標準規格やガイドラインを概観する。

3章では、IoTシステムのためのセキュリティ技術の要素を、システムの特性や進化に合わせて整理する枠組みとして、IoTシステムのセキュリティ対策レベルの分類と、その対策レベルに応じたセキュリティリファレンスアーキテクチャを導入する。

次に4章では、IoTシステムの開発プロセスに関するセキュリティ上の注意点について述べる。要件定義、設計、テスト、運用、保守などの工程ごとに、そこで実施するタスクを概観し、タスクごとに注意すべきポイントを挙げる。

セキュリティの観点からは、開発プロセスにおけるリスクアセスメントが重要である。リスクアセスメントの結果に基づいて、実施するセキュリティ対策を決定するからである。5章では、IoTシステムの脅威分析／リスクアセスメントについて解説する。

1. はじめに

　6章は、脅威分析とセキュリティ要件定義について、実際のインダストリアル IoT システムに対して実施した事例を扱う。事例には、IoT を用いた見える化システムを取り上げる。

　最後の章では、経営課題としてのサイバーセキュリティなどへの取組みについて述べ、本書のまとめとする。

2
IoTのセキュリティ課題

2.1. インダストリアルIoTにおけるセキュリティの課題

まず、本書におけるインダストリアルIoTの定義について述べる。

ITの世界では、PCやスマートフォン、MFP[3]〔用語〕など、既にインターネットにつながったIoTシステムが活用され価値を生み出している。これに対し、多くの産業用機器はITネットワークとは分離され、個別にシステム化されている。産業用機器がITネットワークにつながることにより、現場がデータで可視化、あるいは「見える化」できるようになり、生産性の向上をもたらし歩留まり改善のヒントを与えている。さらにデジタルトランスフォーメーションが加速すると、これらのデータを活用したOT[4]システムの最適化、自動化、そしてシステム全体の自律化が進む。本書において、インダストリアルIoTとは、OTシステムへの適用を含めたIoTを指す。

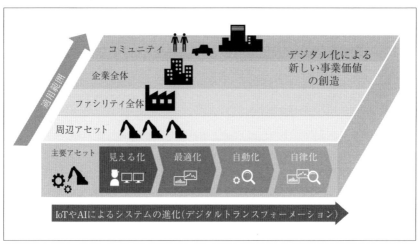

〔図2-1〕デジタルトランスフォーメーション

---

[3] Multifunction Peripheral
[4] Operational Technology

❖2．IoTのセキュリティ課題

　デジタルトランスフォーメーションとは、「ITの浸透が、人々の生活をあらゆる面でより良い方向に変化させる」ことを指す概念である。
　図2-1の縦軸はIoTソリューションの適用範囲、横軸はIoTソリューションの適用によるシステムの進化を示している。本書では、横軸のシステムの進化「見える化→最適化→自動化→自律化」を企業におけるデジタルトランスフォーメーションと定義する。IoT技術やAIによるシステムの進化と、そのシステムの適用範囲の拡大により、新たな事業価値を創造できる。
　その裏側では、これまで独自のOSやネットワークプロトコルで構成されてきた制御システムが、汎用OSや汎用プロトコルを採用するようになった。いわゆる、制御システムの「オープン化」の進展である。これによって、制御システムを低コストで、より容易に、ITシステムと繋げることができるメリットが生まれたが、その一方で、ITシステムの世界のセキュリティの脅威が、そのまま制御システムの世界に影響するというデメリットがもたらされることになった。ITシステムの世界では、新たな脆弱性への対処として、システムを停止して修正プログラムを適用する施策が比較的よく行われる。しかし制御システム、特に社会インフラを構成するシステムの場合は運転継続が重要であり、簡単にはシステムを停止して修正プログラムを適用することができない。また修正プログラム適用後は、より複雑な動作検証や、処理タイミングの変化の有無の確認など、ITシステムに比べて困難な課題がおきる。このため、OSやプロトコルなどで新たな脆弱性が発見されても、修正プログラムの適用が遅れるケースが稀ではない。ITシステムの世界で起きるセキュリティの脅威は、オープン化が進展した制御システムの世界で

は、より解決が難しい。

　また閉域ネットワークで稼働していた間、制御システムは、外部のネットワークで起きるセキュリティの脅威から隔離されていたが、「IoT化」、すなわちインターネットに繋がることによって、そのメリットは失われつつある（図 2-2 参照）。

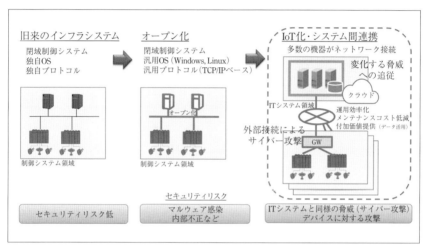

〔図 2-2〕制御システムのオープン化 /IoT 化

　このようにオープン化／IoT 化の進展に伴い、制御システムのセキュリティ上の信頼性確保が、重要な課題になってきている。

　インダストリアル IoT では、IT において担保が求められる三つのセキュリティ特性 C、I、A、すなわち機密性（C：Confidentiality）、完全性（I：Integrity）、可用性（A：Availability）だけでなく、OT の機能安全の考え方に基づく三つの特性 H、S、E、すなわち健康（H：Health）、安全（S：Safe）、環境（E：Environment）を考慮したセキュリティが必要になって

❖2．IoTのセキュリティ課題

くる。

　これまでのITのセキュリティは、企業の機密データや個人情報の保全が最優先だったが、これからのインダストリアルIoTセキュリティでは、これらに加えて、人の安全性と社会インフラの正常稼働を最優先とした対策が必要である。

　デジタル化によりシステムが進化するとともに、サイバー攻撃者の裾野が拡大し、攻撃ツールが簡単に入手できるようになっている。また重要インフラへのサイバー攻撃が増加しているため、セキュリティを持続的に確保することが重要である。サイバー攻撃の脅威は常に変わっていくため、開発、運用、体制を含むセキュリティライフタイム全体での対応が必要になる。

　インダストリアルIoTでは、企業の製造ノウハウや生産データ・レシピ等のデータといった「情報」だけでなく、ヒューマンエラー、内部犯行の抑止といった「人」に関わるセキュリティ、設備や機器の正常稼働のための「モノ」のセキュリティも考えるべきである。

　また、一般システム、社会インフラ、重要インフラというようにシステムの重要度やIoTの進化に応じて、コストバランスを重視しながら必要なセキュリティ対策を行う必要がある。

2.2 IoTシステムに求められるセキュリティ

　情報システムでは、ISO[5]/IEC[6]〔用語〕27000シリーズが規定する「情報セキュリティマネジメントシステム」で認証制度が整備され、情報システムを運用する組織において「現状把握→予防→検知→対策」といったPDCA[7]サイクルを持続的に回すことが求められている。多くの国際標準や内外のセキュリティガイドライン（たとえば、NIST[8]〔用語〕Cybersecurity Framework ver1.1[6]）が、インダストリアル領域のIoTシステムについても、PDCAサイクルを回す重要性を指摘している。

　本書では、「設計・防御→運用監視・予測検知→インシデント対応・復旧→評価・検証」のPDCAサイクルを導入する。以降、本書ではこのコンセプトを、「セキュリティライフタイムプロテクション」（図2-3）と呼ぶ。セキュリティライフタイムプロテクションにより、サイバー攻撃の高度化や巧妙化に伴い相対的にセキュリティの耐性が低下していく状況を防ぎ、適切かつ継続的に維持することができる。

　設計・防御フェーズでは、制御システムのセキュリティ国際標準規格IEC 62443〔用語〕に準拠した製品開発で、セキュリティ品質を確保する。運用監視・予測検知のフェーズでは、製品の構成管理に基づいた、脆弱性やインシデントの監視を行う。インシデント対応・復旧のフェーズでは、インシデントへの対応ルールとその優先順位、リスク管理ポリシーなどを厳格に明文化することで、有事の際の復旧を効率化する。また評価・検証のフェーズでは、常に最新のセキュリティ評価・検証を行える

---

[5] International Organization for Standardization
[6] International Electrotechnical Commission
[7] Plan-Do-Check-Act
[8] National Institute of Standards and Technology

❖ 2．IoTのセキュリティ課題

環境づくりや、演習・訓練によるセキュリティ人財の教育・育成を行う。

　セキュリティライフタイムプロテクションに基づいて最適なセキュリティレベルを継続的に維持することで、異常を早期に検知し、有事の際にも被害を最小限に抑えることが可能になる。更に、迅速な対応でセキュリティインシデントを封じ込め、システムやサービスの停止期間を最小限にとどめる強固なセキュリティが実現できる。

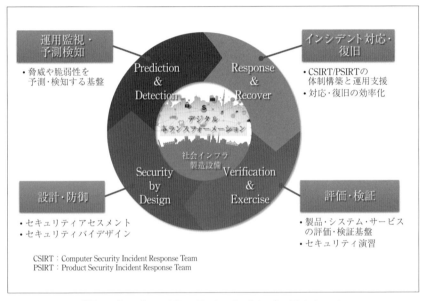

〔図2-3〕セキュリティライフタイムプロテクション

2.3. セキュリティ国際標準規格・ガイドライン

IoT システムについて、国際団体あるいは日本、米国それぞれの国内団休、さらには業界団体において、セキュリティガイドラインの策定が進められている。システム開発において、それらの情報が参考になる。

2.3.1. 国際団体の活動

インダストリアル IoT では、ドイツが提唱する Industrie 4.0[9] と米国を中心とした IIC[10] の活動が顕著である。

・Industrie 4.0

Industrie 4.0 は、ドイツの産官学により提唱され、製造業の生産性向上や新たなビジネスモデルを目指す、ICT を使った製造業のスマート化のための取組みである。生産ラインや製造装置を、クラウドを介したネットワークでつなぎ、製造現場の物理環境で起こる状態（フィジカル）をセンサーを介してデジタル空間（サイバー）に取り込み、そこでシミュレーションやデータ分析を行うことで、品質・生産性・コストの最適化を目指す。またひとつの工場だけでなく、製造装置や生産に関わる部品、材料の調達に関わるサプライチェーンを含めて、工場同士もグローバルにネットワークでつなげることで産業全体の活性化を図っている。Industrie 4.0 の取組みは、フィジカルの世界を基点としたサイバーフィジカルシステム（CPS）、デジタルツインといえる。

・IIC

IIC は、米国の GE を中心とした、グローバルな産官学が推進するインダストリアル IoT に関する団体である。IIC は標準化団体ではないと

---

[9] https://www.plattform-i40.de/I40/Navigation/DE/Home/home.html
[10] Industrial Internet Consortium, https://www.iiconsortium.org/

❖2．IoTのセキュリティ課題

主張しているが、インダストリアルIoTに対して、官民共同のコミュニティーとして技術に関する深い洞察やリーダシップを提供し、インダストリアルIoTの上にリファレンスアーキテクチャ／セキュリティ・フレームワーク／オープン標準を提供することにより、インターオペラビリティとセキュリティ環境の実現を目指している。新たな製品・サービス・方法論を実現するために、実環境で実装し利用可能な技術検証を行う、テストベッドのプロジェクトを推進している。Industrie 4.0と比較すると、IT（サイバー）の世界からIndustry（フィジカル）へのアプローチといえる。IICは各団体とのリエゾンを積極的に行い、Industrie 4.0との連携も進めている。

2.3.2. 日本国内の活動

次に、日本国内におけるIoTセキュリティ関連のガイドラインに関する成り立ちと、各ガイドラインの概要について述べる。図2-4に示すように、日本では「サイバーセキュリティ基本法」に基づき、内閣サイバーセキュリティセンター（NISC）が策定したサイバーセキュリティ戦略における「安全なIoTシステム」を実現するための考え方や、ステークホルダー／産業分野毎のガイドラインが策定されている。

・独立行政法人 情報処理推進機構（IPA）
—「つながる世界の開発指針」[1]

IoTデバイス／システムを開発する際に、セキュリティ面で注意すべき点や検討すべき点をまとめた汎用的なガイドライン。IoT製品開発者向けに、製品開発ライフサイクル全体で考慮すべき17項目の指針を示している（表2-1）。

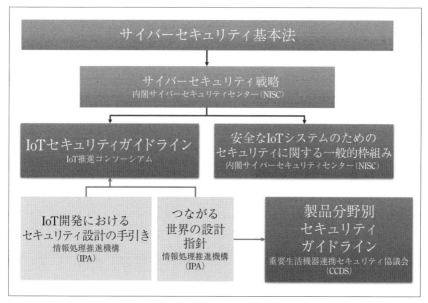

〔図 2-4〕日本における IoT 関連ガイドライン

〔表 2-1〕開発指針一覧

大項目		指針	
方針	つながる世界の安全安心に企業として取り組む	指針1	安全安心の基本方針を策定する
		指針2	安全安心のための体制・人材を見直す
		指針3	内部不正やミスに備える
分析	つながる世界のリスクを認識する	指針4	守るべきものを特定する
		指針5	つながることによるリスクを想定する
		指針6	つながりで波及するリスクを想定する
		指針7	物理的なリスクを認識する
設計	守るべきものを守る設計を考える	指針8	個々でも全体でも守れる設計をする
		指針9	つながる相手に迷惑を掛けない設計をする
		指針10	安全安心を実現する設計の整合性をとる
		指針11	不特定の相手とつなげられても安全安心を確保できる設計をする
		指針12	安全安心を実現する設計の検証・評価を行う
保守	市場に出た後も守る設計を考える	指針13	自身がどのような状態かを把握し、記録する機能を設ける
		指針14	時間が経っても安全安心を維持する機能を設ける
運用	関係者と一緒に守る	指針15	出荷後も IoT リスクを把握し、情報発信する
		指針16	出荷後の関係事業者に守ってもらいたいことを伝える
		指針17	つながることによるリスクを一般利用者に知ってもらう

(出典) IPA「つながる世界の開発指針」

❖2．IoTのセキュリティ課題

―「IoT開発におけるセキュリティ設計の手引き」[2]

「つながる世界の開発指針」を踏まえて、具体的なセキュリティ設計と実装を実現するための手引きという位置づけ。デジタルテレビ、ヘルスケア機器とクラウドサービス、スマートハウス、コネクティッドカーの4分野について、具体的な脅威分析と対策方法を例示している。

・IoT推進コンソーシアム（総務省、経済産業省）
―「IoTセキュリティガイドラインVer.1.0」[3]

IoT機器やシステム、サービスの提供にあたってのライフサイクル（方針、分析、設計、構築・接続、運用・保守）における指針を定めるとともに、一般利用者のためのルールを定めたもの。各指針等においては、具体的な対策を要点としてまとめている（表2-2）。

・重要生活機器連携セキュリティ協議会（CCDS）
―「製品分野別セキュリティガイドライン第1版」[4]

車載機器、IoTゲートウェイ、ATM、POS[11]の4分野に特化して、想定されるセキュリティリスクや対策方法などをまとめている。

・内閣サイバーセキュリティセンター
―「安全なIoTシステムのためのセキュリティに関する一般的枠組」[5]

IoTをITと物理的システムが融合したシステムとして捉え、IoTシステムの設計、構築、運用に求められる一般的要求事項としてのセキュリティ要件の基本原則と取組方針をまとめている（表2-3）。

---
[11] Point Of Sale system

〔表 2-2〕IoT セキュリティガイドライン概要

	指針	主な要点
方針	IoT の性質を考慮した基本方針を定める	・経営者が IoT セキュリティにコミットする ・内部不正やミスに備える
分析	IoT のリスクを認識する	・守るべきものを特定する ・つながることによるリスクを想定する
設計	守るべきものを守る設計を考える	・つながる相手に迷惑をかけない設計をする ・不特定の相手とつなげられても安全安心を確保できる設計をする ・安全安心を実現する設計の評価・検証を行う
構築・接続	ネットワーク上での対策を考える	・機能および用途に応じ適切にネットワーク接続する ・初期設定に留意する ・認証機能を導入する
運用・保守	安全安心な状態を維持し、情報発信・共有を行う	・出荷、リリース後も安全安心な状態を維持する ・出荷、リリース後も IoT リスクを把握し、関係者に守ってもらいたいことを伝える ・IoT システム・サービスにおける関係者の役割を認識する ・脆弱な機器を把握し、適切に注意喚起を行う
一般利用者のためのルール		・問合せ窓口やサポートがない機器やサービスの購入・利用を控える ・初期設定に気を付ける ・使用しなくなった機器については電源を切る ・機器を手放す場合はデータを消す

(出典) IoT 推進コンソーシアム「IoT セキュリティガイドライン Ver.1.0」を基に作成

〔表 2-3〕IoT システムにおける基本原則

項	基本原則
a)	IoT システムについて、範囲、対象を含めた定義を改めて明確にするとともに、IoT システムが多岐にわたることから、リスクを踏まえたシステムの特性に基づく分類を行い、その結果に応じた対応を明確化する。
b)	IoT システムに係る情報の機密性、完全性および可用性の確保並びにモノの動作に係る利用者等に対する安全確保に必要な要件を明確化する。
c)	機能保証の制定を含め、確実な動作の確保、障害発生時の迅速なサービス回復に必要な要件を明確化する。
d)	その上で、接続されるモノおよび使用するネットワークに求められる安全確保水準（法令要求、慣習要求）を明確化する。
e)	接続されるモノおよびネットワークの故障、サイバー攻撃等が発生しても機密性、完全性、可用性、安全性の各項目が確保されるとともに、障害発生時の迅速なサービス復旧を行うことを明確化する。
f)	IoT システムに関する責任分界点、情報の所有権に関する議論を含めたデータの取扱いの在り方を明確化する。

(出典) 内閣サイバーセキュリティセンター「安全な IoT システムのためのセキュリティに関する一般的枠組」を基に作成

❖2．IoTのセキュリティ課題

・経済産業省
― サイバー・フィジカル・セキュリティ対策フレームワーク[18] (CPSF)

　経済産業省では、サイバー空間とフィジカル空間を高度に融合させることにより実現される「Society5.0」、様々なつながりによって新たな付加価値を創出する「Connected Industries」における新たなサプライチェーン（バリュークリエイションプロセス）全体のサイバーセキュリティ確保を目的として、産業に求められるセキュリティ対策の全体像を整理した「サイバー・フィジカル・セキュリティ対策フレームワーク」を策定した。「Society5.0」と「Connected Industries」では、サプライチェーンが従来の定型的・直線的なものから、より柔軟で動的なものに変化していくことになる。このような新たな形のサプライチェーンを『価値創造過程（バリュークリエイションプロセス）』と定義。「Society5.0」、「Connected Industries」によって拡張したサプライチェーンの概念に求められるセキュリティへの対応指針としている。

　CPSFは、産業社会の全体像を捉え、バリュークリエイションプロセスに取り組むすべての主体を適用対象としており、技術等の変化に伴う見直し等も考慮し、サイバーセキュリティの観点から、バリュークリエイションプロセスにおけるリスク源を整理するためのモデルとして、三層構造モデル（図2-5）と6つの構成要素（ソシキ、ヒト、モノ、データ、プロシージャ、システム）を整理した「コンセプト」、モデルを活用したリスク源の整理と、リスク源に対応する対策要件を提示した「ポリシー」、対策要件に対応するセキュリティ対策例を提示した「メソッド」の三部で構成されている。

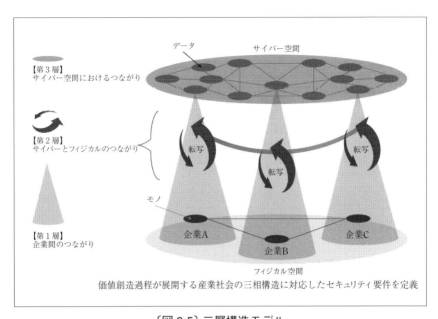

〔図 2-5〕三層構造モデル
(出典) 経済産業省「サイバー・フィジカル・セキュリティ対策フレームワーク version1.0」を基に作成

2．3．3．米国の活動

米国においては NIST が、情報セキュリティに関する様々な規格やガイドラインを策定し、発表している。これらは SP800 シリーズ [用語] といわれるセキュリティ文書シリーズとしてまとめられ、セキュリティ技術、セキュリティマネジメント等、幅広く網羅している。

・NIST SP 800-183 Network of 'Things' [7]

本書は IoT に関する基本的な考え方を示した文書である。IoT を構成する要素を、機能に基づいて大きく5つ (Sensor、Aggregator、Communication channel、eUtility、Decision trigger) に分類し、それぞれの

❖ 2．IoT のセキュリティ課題

構成要素の役割を定義している。また、システム構成の概念図やシステムを構成する上で考慮すべき点についてもまとめられている。

• NIST SP 800-30 Guide for Conducting Risk Assessments [8]

本書は、リスクアセスメントを実施するための手引きとして作成された文書である。リスクアセスメントの準備段階から、実施、結果の反映、保守に至るまでの PDCA サイクルを回すために必要となるプロセスを解説している。

• NIST SP 800-53 Security and Privacy Controls for Federal Information Systems and Organizations [9]

本書は情報システムに対するセキュリティおよびプライバシーの管理策をまとめた文書である。自然災害・人的ミス・悪質なサイバー攻撃・構造上の欠陥といった様々な脅威から、組織のミッション・機能・評判・業務・資産などを保護するために、管理策を選択するプロセスを提示している。

• NIST SP 800-82 Guide to Industrial Control Systems (ICS) Security [10]

本書は SCADA [12]〔用語〕システム、分散制御システム (DCS [13])、プログラマブル論理制御装置 (PLC [14]〔用語〕) などを含む、産業制御システムのセキュリティを確保するための、基本的な考え方をまとめた文書である。産業制御システムの典型的なシステムトポロジー、脅威と脆弱性、その回避策などがまとめられている。

---

[12] Supervisory Control And Data Acquisition
[13] Distributed Control System
[14] Programmable Logic Controller

- NIST

— Framework for Improving Critical Infrastructure Cybersecurity[6]

　本書は、重要インフラのサイバーセキュリティリスクを低減し、より適切に管理することを目的としたフレームワークであり、方法論としてまとめられている。企業が、サイバーセキュリティリスクを特定、アセスメントし、管理するための組織的なプロセスの重要な一部分として、このフレームワークを使用できる。5つの機能と各機能のカテゴリー、サブカテゴリー、他規格の一意の識別子を列挙した参考情報をメインとしたフレームワークコアと、コアに記載されたサイバーセキュリティ対策と、現行のサイバーセキュリティ対策を比較し、「現在のプロファイル」を作成することで、5つの機能の観点から、コアのカテゴリーおよびサブカテゴリーに記述されている対策が、どの程度達成されているかを検証できる。

〔表2-4〕フレームワークコアの構造

機能	カテゴリー	サブカテゴリー	参考情報
特定			
防御			
検知			
対応			
復旧			

(出典) NIST「Framework for Improving Critical Infrastructure Cybersecurity Version1.1」を基に作成

❖2．IoTのセキュリティ課題

〔表2-5〕フレームワークコアの機能とカテゴリー

ID	機能	ID	カテゴリー
ID	特定	ID.AM	資産管理
		ID.BE	ビジネス環境
		ID.GV	ガバナンス
		ID.RA	リスクアセスメント
		ID.RM	リスク管理戦略
PR	防御	PR.AC	アクセス制御
		PR.AT	意識向上とトレーニング
		PR.DS	データセキュリティ
		PR.IP	情報を保護するためのプロセスおよび手順
		PR.MA	保守
		PR.PT	保護技術
DE	検知	DE.AE	異常とイベント
		DE.MA	セキュリティの継続的なモニタリング
		DE.PT	検知プロセス
RS	対応	RS.RP	対応計画の作成
		RS.CO	伝達
		RS.AN	分析
		RS.MI	低減
		RS.IM	改善
RC	復旧	RC.RP	復旧計画の作成
		RC.IM	改善
		RC.CO	伝達

（出典）NIST「Framework for Improving Critical Infrastructure Cybersecurity Version1.1」を基に作成

2．3．4．業界ごとのガイドライン

　インダストリアル IoT システムにおいては、そのシステムが使用される業種・業界のガイドラインや規制に準拠することが必要な場合がある。特に、電力や金融など重要インフラ領域においては、規制に基づいて監査が実施される可能性がある。また顧客の調達要件で、ガイドラインや規制への準拠が求められるケースもある。従って、当該システムが属する業種・業界のガイドライン・規制を事前に把握し、これに対応できるよう準備しておくことが重要である。特定業界向けのガイドラインの例

を図 2-6 に示す。

このうち特に、業界によらない汎用制御システム向けセキュリティガイドラインである IEC 62443 は、インダストリアル領域の各方面で参照されるケースが多く、一部事業者の調達要件にもなっている。IEC 62443 は汎用的な IACS[15] のセキュリティを規定した規格であり、大きく Part.1 から Part.4 の 4 パートから構成される。

Part.1 は、IACS のセキュリティに関する全体的な概念を定めており、IACS に携わるすべての人を対象とした標準である。ここでは基本的な概念や用語・略語を定めた後、IACS のセキュリティに必要となる 8 つのメトリクスを定めている。これらのメトリクスは、IACS が、必要とするセキュリティを満たしているかを評価するために用いられる。

Part.2 は、IACS の管理・開発に関する基本的な要件を定めており、主

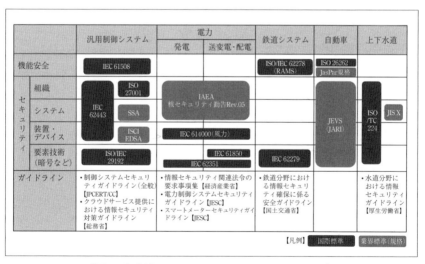

〔図 2-6〕制御システムのセキュリティ標準規格

---

[15] Industrial Automation and Control System

にIACSの管理者を対象とした標準である。情報系のシステムを対象として標準化されているISO/IEC 27000シリーズをベースとして、IACSに対する管理方法の標準を定め、更にシステムを構成する機器に対するパッチマネジメント、機器の調達方法に関する標準を定めている。

Part.3は、IACSのシステム全体としてセキュリティを確保するために必要な要件を定めており、IACSのシステムを構築するインテグレータを対象とした標準である。ここでは、情報システムなどでも用いられているセキュリティ技術の分類を定義した後、IACSのセキュリティを検討する上で重要になるゾーンやコンジット〔用語〕、セキュリティ保証レベルに関する考え方を定義し、IACSシステム全体として必要となるセキュリティ機能の要件を定めている。

Part.4は、IACSに用いられる各機器がセキュリティ上満たすべき要件を定めており、IACSで使用する機器を提供する機器提供ベンダを対象とした標準である。ここでは、機器開発時のセキュリティ管理の要件や、機器が提供すべきセキュリティ機能について定めている。

表2-6に、IEC 62443シリーズ一覧表を記載する。

〔表 2-6〕IEC 62443 シリーズ一覧

レイヤー	対象利用者	IEC	概要	発行日（最新版）
共通	IACS全体	62443-1-1	用語、概念およびモデル	2009-07-30
		62443-1-2	用語・略語集	策定中
		62443-1-3	システムの安全性評価基準	策定中
		62443-1-4	セキュリティライフサイクル・ユースケース	策定中
組織	事業者、運用者	62443-2-1	産業用オートメーションおよび制御システムセキュリティプログラムの確立	2010-11-10
		62443-2-2	制御システムセキュリティ運用ガイドライン	策定中
		62443-2-3	パッチ管理方法のガイドライン	2015-6-30
		62443-2-4	IACS サービスプロバイダに対するセキュリティプログラム要求事項	2017-08-24
システム	構築事業者、SIer	62443-3-1	産業用オートメーションおよび制御システムのためのセキュリティ技術	2009-07-30
		62443-3-2	ゾーンやコンジットにおける安全性保証レベル	策定中
		62443-3-3	システムセキュリティ要求事項およびセキュリティレベル	2014-04-24
コンポーネント	装置ベンダ	62443-4-1	安全な製品開発ライフサイクル要求事項	2018-01-15
		62443-4-2	装置のセキュリティ要件	策定中

3

IoTシステムセキュリティ
リファレンスアーキテクチャ

3.1. セキュリティバイデザインの考え方

　前述のセキュリティライフタイムプロテクション（2.2節）の中で、IoTシステム開発者にとって特に重要なのは、「セキュリティバイデザイン」を志向した設計・防御のフェーズである。

　セキュリティバイデザインは「情報セキュリティを企画・設計段階から確保するための方策」[12]であり、製品・システムを企画・設計する上流工程において脆弱性低減や脅威対策を考慮する。その際、既知の脅威はもちろん、過去のリスク評価や脆弱性の検証結果にも基づく。この方策は、大まかには、想定される脅威および脆弱性の分析、攻撃される可能性と想定被害を念頭においたリスク評価、リスクを抑止できる対策の検討といった作業項目からなる。

　セキュリティバイデザインのメリットは、設計開発の早い段階からセキュリティ対策を施すことによって、①手戻りが少ない、②コストを少なくできる、③保守性の良いソフトウェアができることである。

3.2. セキュリティリファレンスアーキテクチャ

IoTシステムのセキュリティを適切に設計することは容易ではない。これは、守る対象となる事業や、サービス、業務プロセス、接続される機器の種類と数、やり取りされる情報資産、セキュリティインシデントの要因となるセキュリティリスクといった要素が、IoTシステムごとに異なるからである。

また、国家レベルの組織から小さな犯罪組織、愉快犯といった全ての脅威に対して、一律の手法で対抗することは非合理的である。過剰な対策は、業務やシステム運用において効率の低下を招き、逆に不十分な対策では、後付けのセキュリティ対策に掛かるコストが増大してしまう。

このため、IoTシステムのセキュリティに関わる多種多様な技術要素を、システムの特性や進化に合わせて整理した枠組みが必要になる。本書では、この枠組みを図3-1に示す通り、IoTシステムのセキュリティ対策レベルの分類と、その対策レベルに応じたセキュリティリファレン

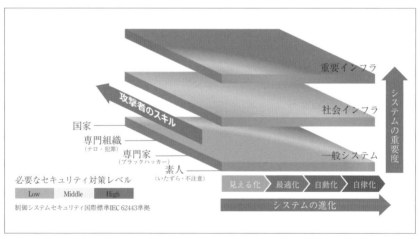

〔図3-1〕セキュリティリファレンスアーキテクチャ

スアーキテクチャと定義する。

　この枠組みで、デジタルトランスフォーメーションの進化に応じて、IEC 62443-3[14]やほかの規格・ガイドライン（NIST SP800-82[10]、oneM2M[16]など）に準拠した「Low」、「Middle」、「High」という3段階のセキュリティ対策レベルとシステムにおけるセキュリティリスクの程度を定めている（表3-1）。またそれぞれのレベルに対し、リスク分析に基づく適切な技術対策を割当てる。

　このセキュリティ対策レベルへの技術対策の割当ては、製品システムの層とIoTシステムの層という二つの軸に基づいて行う（図3-2）。

　図3-2の製品システムの層の軸は、システムを構成するアプリケーション層、ミドルウェア層、OS（基本ソフトウェア）層、ファームウェア層、およびハードウェア層の各層に対して、どのようなセキュリティ対策を実施すべきかを整理している（図3-3）。

　ミドルウェア層～ファームウェア層への脅威には、ファームウェアやドライバの改ざんがある。この攻撃は、ファームウェアを改ざんし、そこを攻撃拠点とする高度な攻撃である。システム起動時にマルウェアを読み込ませることで、確実にマルウェアを起動するため、アプリケーション層の一般的なマルウェア対策ソフトウェアなどでは、検知や駆除が極めて困難である。HDD/SSD内に不可視で削除も不可能な領域を作成して、攻撃者の攻撃起点として利用し、HDD/SSDのファームウェアを書き換えるという事例も報告されている（図3-4）。

　このような攻撃に対しては、認められた正しい環境で機器を起動するという対策を取る。この対策の信頼の拠点となるのが、TPMチップなどのセキュリティモジュールである。セキュリティモジュールに安全に

〔表3-1〕主なセキュリティ基準におけるセキュリティレベル

セキュリティレベル	規格・ガイドライン	
	IEC 62443-3	NIST SP800-82
レベル0	特定の要件もしくはセキュリティ保護の必要はない	（なし）
レベル1	Low（最低限実施すべきセキュリティ）	思いつき程度もしくは偶発的な侵害行為に対しての保護	【Low（低）】下記のような影響を引き起こすリスクに対するセキュリティ対策 ・応急処置を要する切り傷、打撲 ・10万円程度の金銭的損失 ・一時的な環境ダメージ ・分単位での生産中断など
レベル2	Middle（産業制御分野で求められるセキュリティ）	低い攻撃資源、一般的なスキル、低いモチベーションを伴う単純な手段を使った、意図的な侵害行為に対しての保護	【Moderate（中）】下記のような影響を引き起こすリスクに対するセキュリティ対策 ・入院 ・1000万円規模の金銭的損失 ・長期的な環境ダメージ ・日単位での生産中断など
レベル3	High（重要インフラなどで求められるセキュリティ）	中程度の攻撃資源、産業制御システム特有のスキル、中程度のモチベーションを伴う洗練された手段を使った、意図的な侵害行為に対しての保護	【High（高）】下記のような影響を引き起こすリスクに対するセキュリティ対策 ・生命・四肢の喪失 ・数億円規模の金銭的損失 ・永続的ダメージ、現場外の環境ダメージ ・週単位での生産中断など
レベル4		潤沢な攻撃資源、産業制御システム特有のスキル、高いモチベーションを伴う洗練された手段を使った、意図的な侵害行為に対しての保護	（なし）

保存された署名データベースで、ファームウェアやブートコード、OSカーネル、デバイスドライバーなどの完全性を順次検証するセキュアブート[用語]が求められる（図3-5）。

近年のアプリケーションやOSでは、システムの複雑化、オープンソ

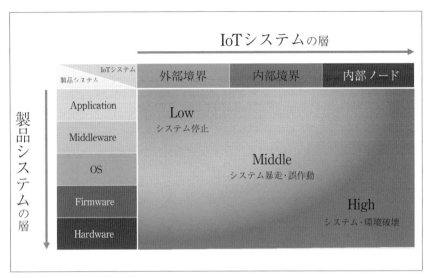

〔図 3-2〕2 軸の多層防御

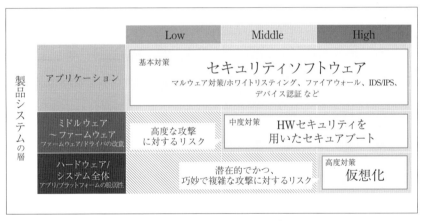

〔図 3-3〕製品システム軸のレベルごとの対策

ースの利用などで、脆弱性が混入 / 残存するリスクが高い。このようなアプリケーションや OS に残存する脆弱性や、未知脆弱性などを巧妙に利用して、「正規アプリケーションの権限利用」、「脆弱性による不正な

❖3．IoTシステムセキュリティリファレンスアーキテクチャ

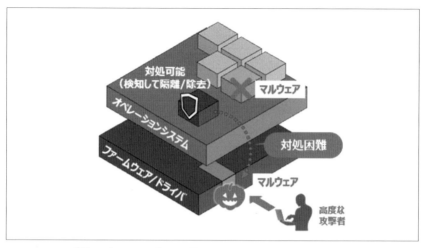

〔図3-4〕ミドルウェア層〜ファームウェア層への脅威

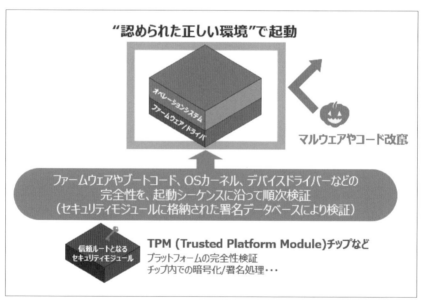

〔図3-5〕ミドルウェア層〜ファームウェア層への脅威に対する対策

権限取得」により、セキュリティ対策ソフトウェアやOSのセキュリティ機能を停止/回避したあとに、攻撃を実行する脅威が存在する。「正規アプリケーションの脆弱性」を利用しているため、セキュリティ対策ソフトやセキュアブートなどでは対処が困難である（図3-6）。

このような攻撃に対しては、Trusted Execution Environment（TEE）といった仮想化で対策を行う（図3-7）。通常のアプリケーションからアクセスが制限されたセキュアな領域に、重要なセキュリティ機能やアプリケーションをおき、通常のアプリケーション領域のリスクが混入しないように、チップレベルで分離し、厳しいアクセス制限をかける。通常アプリケーション領域でルート権限を奪取されたとしても、セキュリティ機能を無効化できない。

図3-2のIoTシステムの層の軸は、IoTシステムの進化に伴い、対策をどの範囲まで行うべきかを示している。インダストリアルIoTセキュ

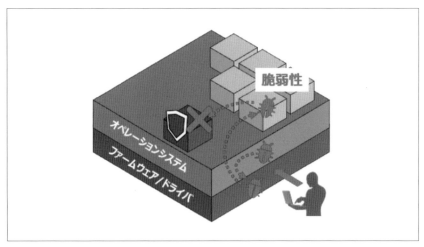

〔図3-6〕ハードウェア層への脅威

❖ 3．IoTシステムセキュリティリファレンスアーキテクチャ

リティアーキテクチャでは、IoT システムの進化の段階を考えていく必要があり、それぞれの段階に応じて必要な対策やセキュリティモデルが変わる。IoT システムの進化に合わせて、多層防御[16]（図 3-8）の考え方

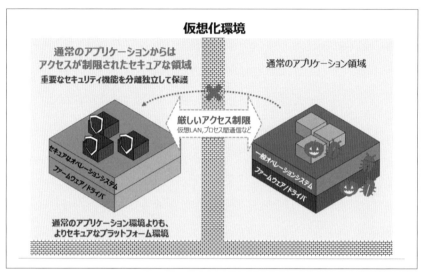

〔図 3-7〕TEE によるハードウェア層への脅威に対する対策

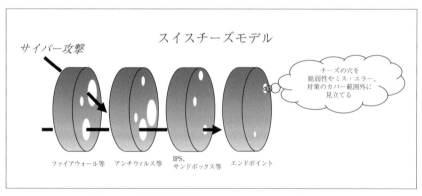

〔図 3-8〕多層防御を表したスイスチーズモデル

---

[16] Defense-in-Depth

に基づいてセキュリティモデルが変化していく。

NOTE

多層防御とは、連続した防御壁によるリスク管理手法であり、制御システムセキュリティの標準規格として広く参照されている IEC 62443 や NIST SP 800-82 で推奨されているセキュリティ対策の考え方である。多層防御には、視点の異なる防御策を何重にも組み合わせることで、侵入や漏洩のリスクを低減する、侵入を遅らせることで防御側が被害に至る前にサイバー攻撃に気付くという効果がある。

ここで、IoT システムの進化に合わせた三つのセキュリティモデルを図 3-9 に示す。

IoT システムの進化が、工場等の生産設備や社会インフラを形成する

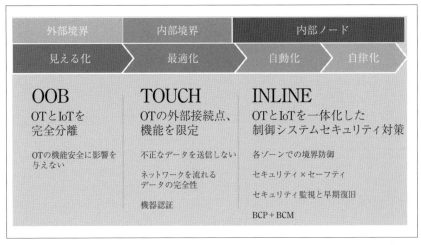

〔図 3-9〕インダストリアル IoT システム進化の段階に応じた三つのモデル

様々なフィールドに置かれた機器やシステムの状態や稼働環境の変化をセンシングし、何らかの改善に活かすための分析に用いる用途のデータ収集と、分析したデータを「見える化」したいという段階では、外部境界すなわち OT システムと外部との物理的又はネットワーク的な境界で分離することによって、システム間の影響を可能な限り排除する「OOB（Out of Bound：完全分離）モデル」、IoT システムの進化が「最適化」の用途の段階に進んだ場合は、内部境界すなわちシステム内部の各サブシステムにおける境界を限定してセキュアに管理する「TOUCH モデル」、そして「自動化」と「自律化」の段階では、各機器や装置といった内部ノードへの対策までを包括した「INLINE モデル」に分けて、セキュリティモデルごとに実装すべき対策を明確にしている。

　以下、インダストリアル IoT システムの進化に応じた 3 つのモデルとセキュリティの考え方を示す。

　OOB モデル（図3-10）は、見える化の段階のセキュリティモデルである。

　OT と IoT を明確に分離し、製造プロセスに直接影響を与えないように、フィールド機器を外部から観測して見える化を行う。すなわち、OT 機器の状態等を示すデータを、OT 機器と明確に分離した環境に外付けしたセンサーで観測する。観測したデータは、IoT ゲートウェイを通して外部のクラウド等にアップロードし、そこでデータ解析等を施して、OT 機器の状態等の見える化を行う。このモデルにおける IoT セキュリティは、外付けセンサーや、IoT ゲートウェイのセキュリティ対策が焦点になる。

　TOUCH モデル（接続されているが分離して考えるモデル、図3-11）は、最適化の段階のセキュリティモデルである。外部接続と利用可能な機能

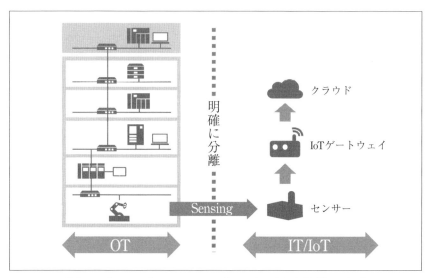

〔図3-10〕OOB（Out-Of-Bound）モデル（完全分離モデル）

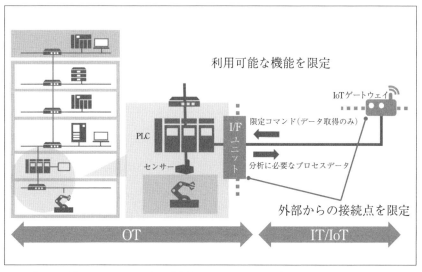

〔図3-11〕TOUCHモデル（接続されているが分離して考えるモデル）

❖ 3．IoTシステムセキュリティリファレンスアーキテクチャ

を絞り込み、制御プロセスの重要機能に影響を与えずに、フィールド機器の分析・最適化に必要なデータをオンデマンドに取得する場合に用いる。PLC など OT のコンポーネントに対するコンフィギュレーションをリモートで行う場合には、よりセキュアなアクセス制御を行うためのデバイス管理と送受信データの保護が必要になる。

　INLINE モデル（制御システム内部のセキュア化モデル、図 3-12）は、外部から制御システムを自動制御する場合、あるいは制御システム内の自律操作を行う場合のセキュリティモデルである。このモデルでは、システム内部の機能単位でゾーンを定義し、ゾーン単位でセキュリティ対策を考える。ゾーンを超える接続点（コンジット）を把握してインシデント発生時の被害を局所化する。フィールドに近いゾーンほど、物理セキュリティやハードウェアレベルの対策を実施する。

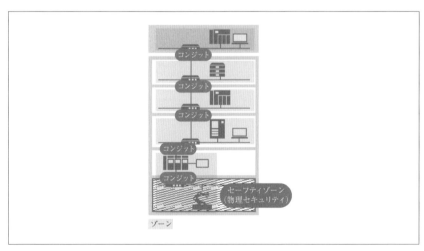

〔図 3-12〕INLINE モデル（制御システム内部のセキュア化モデル）

4

IoTシステムの開発プロセスと注意点

インダストリアル IoT システムのライフサイクルは、一般的な IT システムやコンシューマ向けのアプリケーションと同様に、商品企画からプロトタイプ開発、システム開発、運用・保守（リプレイスやアップデートを含む）、運用終了・廃棄といったサイクルであり、特に大きな差異はない。しかし、前章で述べたような制御システムや、IoT デバイスなどのような、計算リソースがある程度確保されたデバイスとは異なる様々なデバイスがネットワークに接続し、データのやり取りを行うことが多い。また、デバイスが置かれる場所や、使われ方も様々である。そのため、システムのライフサイクルにおいて、通常の IT システムとは異なる視点の注意が必要な場合がある。

本章では、主にシステム開発プロセスにおけるセキュリティ視点での IoT の注意点について述べる。以下に本書でベースとして扱う開発プロセスと各工程で実施すべきセキュリティ開発タスクをマッピングして示している。図 4-1 は要件定義から結合・システムテストまでの開発とテストに関する部分であり、図 4-2 は受入れテストから運用・保守そして廃棄に至る部分である。図 4-2 の工程で考慮すべきセキュリティ項目は図 4-1 の工程の範囲で設計に反映する。

以下では、各工程で実施するタスクに関し説明を加える。なお、要件定義工程については、次章で詳細に述べる。

❖4．IoTシステムの開発プロセスと注意点

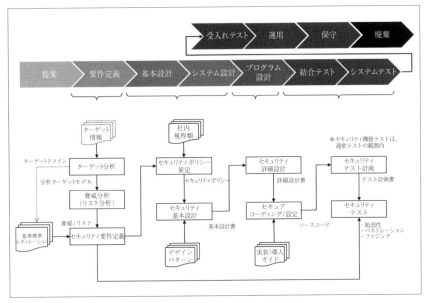

〔図4-1〕製品／システム開発プロセス（1）

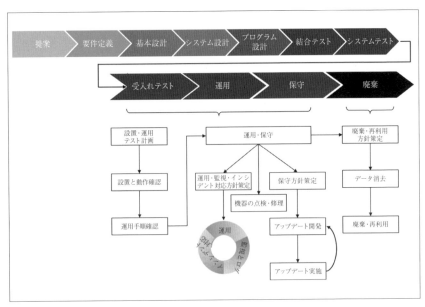

〔図4-2〕製品／システム開発プロセス（2）

4.1. プロトタイプ開発

　IoT アプリケーションがターゲットとするデバイス、プラットフォームは多岐に渡る。そのため多くの場合、プロトタイプ検討や開発初期段階では、汎用マイクロコントローラベースの開発ボードやシングルボードコンピュータが使用される。

　近年これらの機器上では、仮想化技術導入だけでなく開発管理の容易化等も狙って、Docker〔用語〕等のコンテナ〔用語〕が利用されることがある。コンテナであるから直ちに危険というわけではないが、安全性の確認がされていないイメージを利用しないといった通常の配慮に加えて、コンテナは軽量化を重視しているために、リソース管理のセキュリティに関する設計が不十分である可能性があることには、配慮が必要である。

　また Docker はバージョンアップとともにセキュリティ機能が拡充されるようになったので、新しいバージョンで導入されたセキュリティ機能を使い、安全性向上に努める必要がある。

4.2. 要件定義

要件定義工程では、開発システムで想定される脅威を洗い出すことによって、システムで満たすべきセキュリティ要件を抽出することが目的である。

4.2.1. ターゲット分析

開発ターゲットに関し、脅威分析を実施する際に必要となる情報の抽出を行う。具体的には、システムの構成要素やシステムが持つ保護資産などを抽出する。

4.2.2. 脅威分析（リスク分析）

ターゲットとなるシステムで想定される脅威を洗い出し、脅威に対するリスクの評価を行う。

ポイント：IoT機器を使った攻撃

情報セキュリティはCIAの3要素で考えられ、ITとしての情報システムでは機密性が、OTとしての制御システムでは可用性が重視される傾向にある。要件定義や設計ではCIAは対象機器のことだけを考えがちであるが自身にとってのCIAだけでなく他者のCIAも同時に考える必要がある。

ポイント：DDoS攻撃

DDoS[17]攻撃[用語]は、他者のCIAを考えることの重要性を示す、良い例である。

攻撃を受ける側である標的になったサーバは、多数の通信を捌ききれずサービス継続が困難となるが、攻撃を行う側は相対的に少ない通信量しか消費しない。この意味で、DDoS攻撃は非対称な攻撃である。

---

[17] Distributed Denial Of Service

攻撃の手法には、サーバ側の帯域を消費させる方法や、古くからあるレイヤー〔用語〕3やレイヤー4に対するSYN flood攻撃〔用語〕、レイヤー7に対する攻撃がある。近年の大規模なDDoSは、レイヤー7を使ったリフレクション型あるいはアンプ型と呼ばれるDRDoS[18]が多い。DRDoSでは、攻撃対象を偽装IPアドレスで指定したUDPやTCPパケットをIoT機器に送り、偽装IPアドレスに返答させることで、対象サーバのサービスを妨害する。攻撃に悪用されるこうした機器を、リフレクタと呼ぶ。マルウェアに感染したIoT機器がリフレクタになることもあるが、リフレクタはマルウェア感染端末に限られないことに注意が必要である。つまり製造したIoT機器が正しく設定されていない場合にはリフレクタとして攻撃に利用される可能性がある。

Linuxでは、ディストリビューションごとにアプリケーションのデフォルト設定が違うので注意が必要である。あるディストリビューションのデフォルト設定ではリフレクタとして使えないよう制限されていても、運用しようとする機器ではその制限が行われていない場合がある。

4.2.3. セキュリティ要件定義

脅威分析により抽出された脅威に対して、安全性を確保するために必要なセキュリティ要件の定義を行う。

---

[18] Distributed Reflection Denial Of Service

4.3. 基本設計～システム設計

　基本設計工程～システム設計工程では、要件定義工程にて抽出されたセキュリティ要件のシステムでの実現手段・方式を明確化し、セキュリティ基本設計としてまとめることを目的とする。そのために、まずセキュリティポリシーを策定し、セキュリティポリシーに則ったセキュリティの基本設計を行う。

4.3.1. セキュリティポリシー策定

　セキュリティ要件に基づきシステムで遵守すべきセキュリティポリシーを策定する。この際、当該システムが遵守すべきガイドラインや規制が存在する場合にはそれを参照する。

ポイント：プライバシー

　IoT機器が収集する情報そのものに関するプライバシーを考慮する以外に、IoT機器の利用者のプライバシーも考慮する必要がある。たとえば、あるIoT機器の位置情報だけを記録している場合、単体ではプライバシー問題は発生しないが、そのIoT機器の利用者が事実上決まっているならば、その利用者の位置情報と等しい場合があるので注意が必要である。

4.3.2. セキュリティ基本設計

　セキュリティに関わる基本的な設計を行う。

　この際、セキュリティを確保するための標準的なデザインパターンがあればそれを参照する。ここでセキュリティのデザインパターンとは、機密性、完全性、可用性といったセキュリティ課題に対処するための実績ある設計を形式化し、まとめたものである。セキュリティパターンを用いれば、設計者の習熟度の違いがある程度吸収され、適切なセキュリ

ティ設計が可能になる。セキュリティ設計のパターンとして、主体の識別・認証、アクセス制御モデル、アクセス制御アーキテクチャ、OSのアクセス制御、真正性・監査、ファイアウォールのアーキテクチャ、セキュアなインターネットアプリ等のパターンが知られている。

ポイント：セキュアブート

セキュアブートは、OSや搭載アプリケーションを書き換え可能な不揮発記憶領域に保存する場合、改ざんを防ぎ正常に動作する状態で起動させるのに必要となる機能である。IoT機器の起動時には、OSやアプリケーションを含むイメージデータの電子署名を検証して完全性を保証し、改ざんされたOSやアプリケーションが起動されることを防ぐ。一般に検証用の公開鍵（あるいは証明書）やイメージデータを不揮発領域に保存し、書き換え不能な領域にハッシュを含む電子署名検証を処理する機能や、検証用の公開鍵の改ざんを防ぐハッシュ値を安全に管理する機能が必要となる。またアップデート時には、イメージデータの電子署名もアップデートする必要がある。セキュアブートは、OSやアプリケーションの改ざんへの有効な対策となる。もちろん、リスク評価を行った上で他の脅威対策も許容される。

ポイント：キルスイッチと縮退運転

脆弱性への対策が施されたアップデートが提供されていない場合は、次善の対応として、リスクのある機能を停止することがある。このように、一部機能を停止した状態での運用が、縮退運転である。最も機能を縮退した場合には、特定のインターフェースからのファームウェアアップデートの機能のみを有効とし、他の機能は無効とすることになる。

こういった状態への移行の手順、復旧の手順を定めておく必要がある。

❖4．IoTシステムの開発プロセスと注意点

　キルスイッチは、これを実現するための、機能単体あるいはすべての機能を無効化する仕組みである。

4.4. プログラム設計

プログラム設計では、セキュリティ機能に関する詳細設計を行うとともに、コーディング時には脆弱性が混入せぬようセキュアコーディングを行う。

4.4.1. セキュリティ詳細設計

基本設計に対して、モジュールレベルまで設計を詳細化する。

ポイント：TLS通信と暗号スイート

TLS[19] 通信では、長らく AES[20] の CBC[21] モードとハッシュベースの認証の組み合わせが多く使われていたが、近年では AEAD[22] と呼ばれる暗号化と認証を一括で行うカテゴリーに移行しつつある。AES の GCM[23] モードが AEAD の一例である。IoT デバイス向けには、計算量や通信量が少ない暗号スイートがよい。TLS 通信では、通常運用では ECDHE を含む暗号スイートの選択を推奨する。RSA 鍵交換や DHE は、ECDHE に比べて速度や安全性に劣るため通常運用では利用を避けるべきである。しかしながら、脆弱性の発見やアプリケーションの更新で、サーバ側が通信可能な暗号スイートが変化することがある。そのためコンテンジェンシープランとして RSA 交換などが利用できることをテストでは確認しておいたほうがよい。RSA 暗号は鍵交換で使用しなくても、公開鍵証明書の検証といった他の場面で使用するため、暗号ライブラリレベルではサポートされている。

---

[19] Transport Layer Security
[20] Advanced Encryption Standard
[21] Cipher Block Chainning
[22] Authenticated Encryption with Associated Data
[23] Galois Counter Mode

❖4．IoTシステムの開発プロセスと注意点

NOTE

　TLSでは暗号スイートごとにデータフォーマットが異なる。特にChacha20-Poly1305といった暗号スイートではサイズが小さく設計されており、スループットが向上する。

　Chacha20-Poly1305は処理速度面でも配慮して設計されている。Intel互換のCPUでは、ほぼ確実にAES-NIが搭載されており、AES-CBCやAES-GCMが比較的高速に処理できる。一方ARMといった組み込み向けCPUではAES-NIは、CPU命令セット上はオプションで存在するものの、実際のCPUには実装されていない場合が多い。AESは共通鍵暗号としては高速であるが、すべてソフトウェアで処理すると負担が大きい。AES-NIが利用可能な場合はAES-GCMが高速であるが、利用できない機器ではChacha20-Poly1305が高速である。こういった高速な暗号スイートの提案が続いている。

ポイント：USBインターフェースなどの安全性

　USB[24]やJTAG[25]はしばしば攻撃の起点となる。これらインターフェースは認証機能なしにシステムにアクセスできる危険がある。USBインターフェースは、多くの場合USBメモリを接続するマスストレージクラスと、キーボードやマウスのHID[26]クラスに対応している。BadUSBでみられるようにマスストレージクラスを禁止していても、HIDとして振舞って、IoT機器を操作する可能性がある。他のインターフェースも、通信やストレージ用途のプロトコルに拡張可能な物理層の

---

[24] Universal Serial Bus
[25] Joint Test Action Group
[26] Human Interface Device

インターフェースとして設計されている場合があるので注意が必要である。

ポイント：信頼できるネットワークの分離

論理的に分離され、信頼できるネットワークとして設計されていても、物理的に接続されていれば脆弱性を利用してつながる危険性を考慮すべきである。認証や暗号化を導入しておけば、論理的に分離された機器からの不正アクセスのリスクを低減できる。

ポイント：デフォルトのセキュリティレベルとパスワード

機器は、十分なセキュリティレベルを確保した設定で出荷すべきである。たとえば、共通パスワードを設置時に変更する運用は避ける。出荷された機器は、デフォルト設定で利用されることを想定すべきである。たとえばパスワードならば、機器製造時に機器ごとに異なるパスワードを設定すること、パスワードは変更可能とすることが重要である。機器のIDから計算できる方法、マニュアル等への記載は漏洩のリスクが大きい。

ポイント：時刻情報と計算精度

時刻情報はさまざまな精度で用いられる。多くの機器では時刻は64ビットで管理されるが、連続稼働時間を異なる粒度（ミリ秒）で管理する場合は、変換が必要になる。不用意に32ビットデータ型で計算したり、結果を保持したりしないこと。49.7日問題や497日問題といった連続稼動時の桁あふれが発生する可能性がある。「49.7日問題」とは、コンピュータの32ビットのカウンタを1ミリ秒ごとにカウントしていったとき、49.7日でオーバーフローする現象のこと。また「497日問題」は、32ビットのカウンタを10ミリ秒ごとにカウントしていったとき497日

❖4．IoTシステムの開発プロセスと注意点

目にオーバーフローし、このときに起きる問題のこと。OS、ドライバ、アプリケーションで不具合が報告されている。

ポイント：アップデートの問い合わせ

　アップデートの有無を上位に問い合わせる機能が実装されることがある。これらの機能では、タイミングのランダム化を十分に考慮すること。小規模システムでは問題とならないが、タイミングが分散していないと、スケールアウトしたときに問題となる。

ポイント：GPSの利用

　GPSは、位置や時刻を取得する上で有用であるが、位置や時刻を偽装されるリスクがあるので、トラストアンカー〔用語〕として用いるべきではない。

4.4.2. セキュアコーディング

　悪意のある攻撃者やマルウェア等による攻撃に耐える、脆弱性のない堅牢なプログラムを作成する。そのために、セキュアコーディングのガイドなどを参照するとともに、静的コード解析ツールを利用して、既知脆弱性を残さないコーディングとディプロイを行う。

　セキュアコーディングについては、JPCERT/CC〔用語〕がプログラミング言語（C、Java）別、実行環境別のセキュアコーディングガイド等の資料、セキュアなソフトウェア開発を支援するための資料を提供している[27]。

　静的コード解析は、ソースコードを機械的にチェックし、ソースコードに含まれる特定のパターンを抽出することで脆弱性を検出する。静的コード解析ツールが指摘する箇所を確認し、その箇所が脆弱であるかどうか判断し修正することで、ディプロイ・デリバリーする前に脆弱性を

---

[27] https://www.jpcert.or.jp/securecoding

減らすことができる。ただし例えば、Web アプリのアクセス制御に関する脆弱性のような機能仕様の不備に関する脆弱性は、検出できないことに留意が必要である。

　静的コード解析については、独立行政法人 情報処理推進機構（IPA）などから参考となる資料が公開されている[11]。

4.5. 結合テスト〜システムテスト

　結合テスト工程〜システムテスト工程では、開発されたシステムに関して、セキュリティ機能が正しく動作するかという観点と、システムに脆弱性が存在しないことを確認する脆弱性検査の観点からテストを実施し、システムがセキュリティ上問題ないことを確認する。セキュリティテストについては、合格の判断基準を明確にし、他の機能テストと同様に全てのテスト項目をクリアするまで、修正と再テストを行ってから出荷すべきである。

4.5.1. セキュリティテスト計画

　セキュリティ機能が正しく動作するかというシステムテストの観点と、システムに脆弱性が存在しないことを確認する、いわゆる脆弱性検査の観点のテストが必要である。特に脆弱性検査においては、必要に応じて第三者視点からのテストも実施するものとし、外部リソースを検討しても良い。

4.5.2. セキュリティテスト

　セキュリティテスト計画にて策定した計画に基づき実際にセキュリティテストを実施する。

ポイント：セキュリティテストの種類

　セキュリティテストは、プログラムを動作させずに行う静的コード解析等の手法と、実際に動作させて挙動を観察する脆弱性検査、ペネトレーションテスト、ファジング検査の手法に大別できる。このうち静的コード解析については、4.4節を参照のこと。ここでは、それ以外のセキュリティテストについて説明する。

　Webアプリケーションに対しては、専用のツールを利用することで、

既知の脆弱性を検出できる。こうしたツールは、さまざまな団体が公開している脆弱性情報に基づいて、不正なHTTPリクエストを生成し疑似攻撃を行って、SQLインジェクション、クロスサイトスクリプティング等に関連する脆弱性を検出するものである。

　ネットワークインフラの脆弱性も、ツールによるテストが可能である。ネットワーク機器やサーバ等の脆弱性、例えば修正プログラム（パッチ）の未適用や機器設定の不備が検出の対象となる。

　ペネトレーションテストは、脆弱性をチェックするために作られたプログラムコード（エクスプロイトコードと呼ばれる）を用いて、対象への侵入の可否をテストするセキュリティテストである。これに加えて、DoS攻撃にどれほど耐えられるか、あるいは、ポートスキャン等によって対象の情報がどれだけ入手できるか、なども調査することがある。エクスプロイトコードは脆弱性情報に基づいて作られるため、前述の脆弱性検査と組み合せて実施される。

　ファジング検査は、テスト対象で問題が起きるように細工をしたデータを生成し、大量にテスト対象に向けて送信して、その応答や挙動を監視することで脆弱性を検出するセキュリティテストである。問題が起きそうなデータの例には、極端に長い文字列・記号の組み合わせ、細工したHTTPリクエスト、細工した通信プロトコルなどがある。こうしたデータを生成する専用のツール（ファジングツール）もある。ファジング検査は、公表されていない潜在的な脆弱性を検出するうえで効果がある。

4.6. 受入れテスト〜運用・保守

受入れテスト工程では、運用・保守に関わるセキュリティ機能の確認を行う。IoT 機器の設置と運用に関連して、セキュリティ設定や管理、運用フィールドでのセキュリティ機能の確認が必要となる。たとえば運用・保守に備えて、設置場所を記録管理し、運用のための認証情報を IoT 機器に設定して運用状態にするなどの手順を、セキュリティの観点で準備する必要がある。設計の工程とも関連する。

4.6.1. 設置・運用テスト計画

保守に備えた設置場所の記録、認証情報の設定など、IoT 機器のセキュリティ機能を正しく動作させるために必要となる、設置時や運用前に行うべき項目をまとめ、セキュリティの観点でテストを計画する。このテスト計画に基づき設置時の動作確認でテストし、設置後は運用に入る前に運用手順を確認する。

ポイント：IoTの運用・保守リスク

IoT 機器は IT 機器とは異なり、訓練や教育を受けていない人が構築したり、情報リテラシーの低いユーザが使ったりするため、不測の事態に備える必要がある。例えば、予期せぬ電源遮断やリセットが行われる可能性があるため、電源遮断あるいはリセットから起動した直後の IoT 機器が安全性の高い状態に保たれる対策をすべきである。

4.6.2. 設置と動作確認

設置情報の記録、認証情報の設定などを行い、セキュリティ機能の正常動作を確認する。

4.6.3. 運用手順確認

IoT 機器の起動や停止などの運用手順の確認を行い、セキュリティを

損なう操作が含まれていないことを確認する。

4.6.4. 運用・監視・インシデント対応方針策定

運用と監視の方針の決定と計画立案が必要である。これらはインシデント対応の方針とも関係する。IoT機器にログをすべて記録することはできないので、特に記録すべき、認証などに関するログの項目や、ログの記録期間あるいは記憶容量上限などについて、セキュリティを考慮して方針を決定し、設計・実装ならびに運用を行う。また、障害調査のためにより詳細なログを取得する機能も必要となる。

4.6.5. 機器の点検・修理

運用で発見される障害には、セキュリティに関する障害の可能性のほかに、機器故障の可能性がある。通常、起動時の自己テストで異常を検知する機能を備え、異常を検知すると、通知、故障対応のモードへ遷移するなど、所定の動作を行う。故障の際は多くの場合、機器が交換されることになるので、機器ごとの鍵で暗号化保存された設定項目の値を、交換後の機器に引き継ぐための機能が必要である。

故障対応が容易であるのは重要であるが、同時に故障対応でセキュリティが損なわれることのないように、設計工程で検討する。

ポイント：IoT機器の管理

機器の故障、盗難などによる紛失、外乱[28]によるデータ化けなどが、システム全体に影響を与えないよう考慮したシステム構成とすること、あるいは影響を封じ込める手段をもっておくことが必要である。故障した機器をシステムから切り離し、無効化して運用できることが望ましい。

---

[28] 制御系の状態を乱す外的作用。例えば、通信系などに外から加わるノイズなどの不要な信号等がそれにあたる。

データ化けは、機器の再起動で解決する場合がある。従って、機器を個別に再起動して、システムに再接続できるようになっていることも重要である。

4.6.6. 保守方針策定

ここでいう保守は、IoT機器のセキュリティ機能を保つことを目的とする。特に重要となるのは、機器のソフトウェア更新、すなわちアップデートである。IoT機器運用開始後に、あらたな脆弱性が発見されることがある。アップデートソフトウェアの開発の計画、アップデート実施の方法などは設計工程への反映が必要となる。

ポイント：IoT機器の寿命

IoT機器は、長期利用の前提で準備することが必要である。たとえ機器が安価であっても、運用の全期間にわたって代替機器を確保・提供し続けるのは困難である。

一般に、脅威への対策としてOSやアプリケーションがアップデートされると、使用リソースが増えることがある。あらかじめ将来にわたって十分なリソースをもった機器を導入するのは困難であるため、ハードウェアをモジュール化しておいて、一部のハードウェアを更新できることが望ましい。

更新ができず、運用中に新たに発生した脅威に対応できない場合には、前述のキルスイッチで機能を限定し、縮退運転できるようにすることを考える必要がある。

4.6.7. アップデート開発

保守方針に従い、IoT機器のハードウェアやソフトウェアのアップデートのための開発を行う。このとき、IoT機器のソフトウェアが共通化

されていれば、アップデート開発の労力が低減できる。アップデートされるソフトウェアのイメージデータは、電子署名等の手段により改ざんから保護される必要がある。暗号化を併用してもかまわないが、暗号化には改ざんを防止する能力はないことに注意すること。

　なお、アップデートに要する配布データ量を削減するためには差分アップデートが用いられるが、これには、IoT機器のアップデート前バージョンによって異なる差分データが必要となる。このことから、IoT機器ごとのアップデート実施の記録と、バージョン管理も重要となる。また、セキュアブート機能を備えている場合には、アップデート後、イメージデータの電子署名の検証に使うための、アップデートデータを用意する必要がある。

４．６．８．アップデート実施

　ハードウェアのアップデートは現地での作業が必要となるのに対して、ソフトウェアの場合はネットワーク経由の遠隔操作でアップデートする場合がある。アップデート手順、ネットワークアップデートの場合のチェックタイミングの分散、問題発生に備えアップデート前に戻すロールバック機能などを、設計工程において考慮する必要がある。

4．7．廃棄

運用を終了したIoT機器から重要な情報が漏えいすることを防ぐには、廃棄工程でのデータ消去方法を、セキュリティの観点から設計する必要がある。これは、データを不揮発記憶媒体のどの領域に配置するかといった設計方針に影響を与える。適切なデータ消去を行えば、回収した機器の再利用が容易になる。

4．7．1．廃棄・再利用方針策定

IoT機器の運用が終了した場合の廃棄方法、あるいは回収と再利用の方針を定める必要がある。運用が終了したIoT機器は回収することが望ましいが、しばしば放置されることがある。そのため、セキュリティリスクが発生しないように、運用終了時の手順を定める必要がある。回収した機器に重要なデータが含まれる場合は、廃棄前にデータ消去が必要である。再利用される場合も同様に、機器に記録された情報の適切な消去が求められる。

4．7．2．データ消去、廃棄・再利用

適切なデータ消去を実現するには、データ消去に関するセキュリティ要件を検討する必要がある。消去の手段は、データを暗号化して保存し鍵を破棄するなど復元困難な手段が望ましいが、暗号化によって速度が低下したり、書き込み回数の増大によって寿命が低下するなどの影響がある。また不揮発記憶装置の領域割り当てにも影響を与えるので、セキュリティを考慮する上では要件定義・設計の工程に反映する必要がある。

NOTE

　データ消去の困難さは、不揮発記憶媒体の特性に依存する。データを電気的・物理的に保持する記憶素子の物理的アドレスと論理的アドレスが明示的に対応可能な機器であれば、データの上書きと読み出しを行うことでデータ消去の確認が可能である。しかしながら今日の多くのフラッシュメモリでは、ウェアレベリングとよばれる書き込み回数の平準化処理がメモリコントローラの機能として備わっており、上書きの意図に反してしばしば異なる位置の素子や予備領域にデータが書き込まれる。表示容量よりもかなり大きなデータを書き込んだとしても、上書きされない領域があると思うべきである。

　こういった状況に対応して、暗号的データ消去などの確実なデータ消去機能を備えた不揮発記憶媒体がある。保持するデータの重要度によっては、こういった媒体を適切に選択する必要がある。

5

IoTシステムの脅威分析／リスクアセスメント

本章では、組織／システムのセキュリティを決めるうえで重要な位置を占める「脅威分析／リスクアセスメント」と「セキュリティ要件定義」について述べる。

　リスクアセスメントについては様々な概念／手法が提案されているが、本書では主要な引用元として NIST SP 800-30 [8] を参照する。

　セキュリティを設計するうえで重要なプロセスとして、リスクアセスメントがある。リスクアセスメントは、組織／システム内の情報セキュリティリスクを管理する主要なコンポーネントであり、その主な目的は「組織／システムに対するリスクを特定し、そのリスクに対処するための適切な行動方針を決定するための情報を提供する」ことにある。もう少し噛み砕いた表現をすれば、「組織／システムに対して、どのような脅威が存在し、その脅威がどのようなリスクを持つのかを分析する」行為といえる。特に、この脅威を分析するプロセスを、脅威分析ということがある。

　リスクアセスメントの最終結果は、リスクの判断結果（一般的には、リスク値）である。このリスクに対して、「実施すべき対策」と「実施できる対策」とを分析し、最終的に実施する対策としてのセキュリティ要件を決定する。セキュリティ要件には、組織的な要件や人的な要件なども含まれるが、特に機能面でのセキュリティ要件をセキュリティ機能要件という。

5. IoTシステムの脅威分析／リスクアセスメント

5.1. 脅威分析／リスクアセスメント

脅威とは NIST SP 800-30 によれば、リスク因子としての「情報システムを介して、情報の正規の権限に依らないアクセス、破壊、開示、または変更、および／またはサービス妨害によって組織の業務と資産、個人、他の組織、または国家に負の影響をもたらしうる状況または事象」と定義されている。脅威は、更に脅威源と脅威事象とに分解される。

5.1.1. 脅威源

脅威源とは「脅威を引き起こす主体」であり、一般的に想起される「脅威を引き起こす行為者」だけでなく、「システムの構造的な欠陥」や、「自然災害といった組織がコントロールできない障害」をも含む。NIST SP 800-30 によれば、次のような脅威源のタイプが定義されている（表 5-1）。

これらの脅威源タイプはあくまで基本例であり、実際にはこのような脅威源タイプをベースにして、追加の特徴（意図や能力、標的など）を

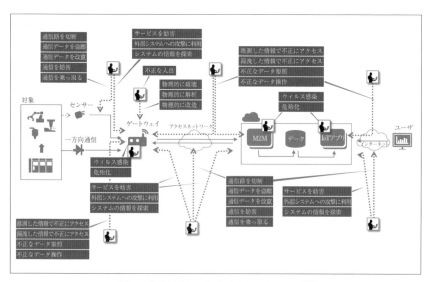

〔図 5-1〕「敵対的な脅威」のイメージ例

〔表 5-1〕脅威源のタイプ例

脅威源のタイプ			説明
敵対的な	個人	外部の者	サイバー資源（すなわち、電子的形態の情報、情報および通信技術、ならびにそれらの技術によって提供される通信および情報処理能力）に対する組織の依存を利用しようとする個人、グループ、組織、または国家。
		内部の者	
		信頼されている内部の者	
		特権を持つ内部の者	
	グループ	アドホックな	
		定着した	
	組織	競争相手	
		供給業者	
		パートナー	
		顧客	
	国民国家		
偶発的な	ユーザ		日々の責務を実施する過程で個人が取る誤ったアクション
	特権ユーザ/アドミニストレータ		
構造上の	IT機器	ストレージ	劣化、資源の枯渇、または予測されたオペレーティングパラメータを超えるその他の状況に起因する、機器の故障、環境制御の失敗、またはソフトウェアの不具合。
		プロセッシング	
		通信	
		ディスプレイ	
		センサー	
		コントローラ	
	環境制御	温度/湿度の制御	
		電源	
	ソフトウェア	OS	
		ネットワーク	
		汎用アプリケーション	
		ミッションに特化したアプリケーション	
環境上の	自然災害もしくは人災	火災	組織のコントロールの範囲外である、重要インフラに対する自然災害、およびそれらのインフラの故障。注：自然災害と人災は、その重大さ、および／または継続期間の観点から、その特徴を定義できる。脅威源と脅威事象がしっかり特定される場合には、重大さと継続期間は脅威事象の説明に含まれる（例：カテゴリー5のハリケーンは、基幹システムを収容する施設に大きな被害をもたらし、それらのシステムを3週間にわたって利用できなくする）。
		洪水/津波	
		爆風/竜巻	
		ハリケーン	
		地震	
		爆撃	
		オーバーラン	
	異常な自然現象（例：太陽の黒点）		
	インフラの故障/停電	電気通信	
		電力	

（出典）NIST SP800-30（独立行政法人情報処理推進機構による日本語訳）を基に作成

定義することで、より詳細な脅威源を定義することになる。NIST SP 800-30では、それぞれの特徴を5段階にスコアリング（アセスメントスケール）している（表5-2）。

脅威源のタイプの定義、スコアリングに関する他の例には、ETSI TR 103 167 V1.1.1があり、敵対的な脅威源をより詳細に分類している[13]。

5.1.2. 脅威事象

脅威事象は、脅威源によって引き起こされる、脅威対象に負の影響をもたらしうる事象である。脅威事象は、単一の脅威事象として定義するか、集合/シーケンス的な脅威事象として定義することができる。従来は、単一の脅威事象で分析することが多かったが、複雑化する脅威実体（サイバー攻撃）を表現しきれないという問題があった。このため、脅威の関連性を表現する攻撃ツリー[29]などの考え方が提唱されてきた。近年では、更に一歩進めて、より現実で発生している脅威実体に近づけるために、攻撃/侵入プロセスを攻撃者視点で戦略的に表現するサイバーキルチェーン[30]〔用語〕や、攻撃者をアクターとして対象システムへの攻撃フローを表現する攻撃サーフェース[31]/サーフェースチェーンなどの概念が注目されている。このような脅威表現は、多層防御やインシデントレスポンスといった高度なセキュリティ戦略を考えるうえで、効果的なアプローチであると期待される。

NIST SP 800-30では、次のような「サイバーキルチェーン」的アプローチの脅威事象例を紹介している（表5-3）。

---

[29] Attack Tree
[30] Cyber Kill Chain
[31] Attach Surface

〔表 5-2〕脅威源の追加特徴のスコアリングの例

能力の特徴定義

定性的な値	半定量的な値		説明
非常に高い	96-100	10	このアドバーサリは、非常に、または、十分な資源を有し、複数回にわたる、継続的な、調整された攻撃が成功裏に行われるのを支援する機会を創出できる。
高い	80-95	8	このアドバーサリは、高いレベルの専門知識を有し、複数回にわたる、調整された攻撃が成功裏に行われるのを支援するための、十分な資源と機会を有する。
中間	21-79	5	このアドバーサリは、複数回にわたる攻撃が成功裏に行われるのを支援するための、適度な資源、専門知識、および機会を有する。
低い	5-20	2	このアドバーサリは、単一の攻撃が成功裏に行われるのを支援するための、限られた資源、専門知識、および機会を有する。
非常に低い	0-4	0	このアドバーサリは、単一の攻撃が成功裏に行われるのを支援するための、非常に限られた資源、専門知識、および機会を有する。

意図の特徴定義

定性的な値	半定量的な値		説明
非常に高い	96-100	10	このアドバーサリは、組織の情報システムまたはインフラ内の存在を利用し、主要なミッション／業務機能、計画、または企業を弱体化させる、ひどく妨げる、または破壊しようとする。このアドバーサリは、スパイ活動に必要なノウハウの開示について、目標を達成するための自身の能力を妨げる程のものに関してのみ、懸念する。
高い	80-95	8	このアドバーサリは、組織の情報システムまたはインフラ内の存在を維持し、主要なミッション／業務機能、計画、または企業の重要な側面を弱体化させたり、妨げようとする、あるいは、将来にわたってそうした行為を行える立場に自身を置こうとする。このアドバーサリは、特に将来の攻撃に備えて、攻撃の発覚／スパイ活動に必要なノウハウの開示を最小限に抑えようとする。
中間	21-79	5	このアドバーサリは、組織の情報システムまたはインフラ内に足場を構築し、特定の機密情報または機微な情報を取得したり、変更しようとする、あるいは組織のサイバー資源を奪ったり、途絶させようとする。このアドバーサリは、特に長期間にわたって攻撃を実施する際に、攻撃の発覚／スパイ活動に必要なノウハウの開示を最小限に抑えようとする。このアドバーサリは、これらの目標を達成するために、組織のミッション／業務機能の諸側面を妨げようとする。
低い	5-20	2	このアドバーサリは、機密情報または機微な情報を取得しようとする、あるいは組織のサイバー資源を奪ったり、途絶させようとする。その際、攻撃の発覚／スパイ活動に必要なノウハウの開示を恐れない。
非常に低い	0-4	0	このアドバーサリは、組織のサイバー資源を奪ったり、途絶させたり、あるいは損なわせようとする。その際、攻撃の発覚／スパイ活動に必要なノウハウの開示を恐れない。

（出典）NIST SP800-30（独立行政法人情報処理推進機構による日本語訳）を基に作成

〔表5-3〕脅威事象例

脅威事象 (戦術、技法、手順によって 特徴が定義される)		説明
偵察を行い、情報を収集する	ペリミタネットワークの偵察／スキャンを実施する。	アドバーサリは、市販のソフトウェアまたはフリーソフトウェアを使用して、組織のペリミタをスキャンし、組織のITインフラについてよりよく理解し、功を奏する攻撃をしかけるための能力を高める。
^	無防備なネットワークに対するネットワークスニッフィングを実施する。	アドバーサリは、情報を伝送するのに使用される露出した有線、あるいは無線のデータチャネルにアクセスし、ネットワークスニッフィングによってコンポーネント、資源、およびプロテクションを特定する。
^	組織の情報のオープンソースディスカバリを使用して、情報を収集する。	アドバーサリは、公的にアクセス可能な情報をあさって、組織の情報システム、業務プロセス、ユーザまたは職員、あるいは外部との関係についての情報を取得し、後の攻撃に使用する。
^	標的である組織に対する偵察と監視を実施する。	アドバーサリは、長期にわたってさまざまな手段を使用して(例:スキャン、物理的観測)、組織を検証・アセスメントし、脆弱性を突きとめる。
^	マルウェアを送り込んで、内部偵察を実施する。	アドバーサリは、組織のペリミタ内にインストールされたマルウェアを使用して、標的を探す。スキャン、探査、または観測はペリミタを超えないため、外部に設置された侵入検知システムによって検知されない。
攻撃用のツールをクラフトする、または作成する	フィッシング攻撃をクラフトする。	アドバーサリは、正規の／信頼できる情報源からの通信を偽造して、ユーザ名、パスワード、社会保障番号などの機微な情報を取得する。典型的な攻撃は、電子メール、インスタントメッセージ、あるいは類似の手段を介して発生し、一般的にユーザは、正規のサイトに見せかけたウェブサイトに誘導され、そこで入力した情報は盗み取られる。
^	スピアーフィッシング(特定の人物を標的としたフィッシング詐欺)をクラフトする。	アドバーサリは、価値の高い標的(例:最高幹部や上級管理者)を狙ったフィッシング攻撃を採用する。
^	実装されたIT環境にもとづいて具体的に攻撃をクラフトする。	アドバーサリは、組織のIT環境について自身が有する知識を活用して、攻撃を開発する(例:標的型マルウェアをクラフトする)。
^	偽の／なりすましのウェブサイトを作成する。	アドバーサリは、正規のウェブサイトの複製を作成する。ユーザが偽のサイトにアクセスすると、そのサイトは情報を収集したり、マルウェアをダウンロードする。
^	偽の証明書をクラフトする。	アドバーサリは、マルウェアまたは接続が正規に見えるよう、認証機関を偽造する、あるいは侵害する。
^	見せかけの組織を作成・運営し、悪意のあるコンポーネントをサプライチェーンに送り込む。	アドバーサリは、極めて重要なライフサイクルパスにおいて、正規の供給業者に見せかけた偽の組織を作成する。これらの組織は、その後、破損した／悪意のある情報システムコンポーネントを組織のサプライチェーンに送り込む。
悪意のある能力を送り込む／挿入する／インストールする	既知のマルウェアを組織の内部情報システムに送り込む(例:電子メールを介したウイルスによって)。	アドバーサリは、よく使われる配信メカニズム(例:電子メール)を使用して、既知のマルウェア(例:その存在が知られているマルウェア)を組織の情報システムにインストール／挿入する。
^	変更が加えられたマルウェアを組織の内部情報システムに送り込む。	アドバーサリは、電子メールよりも高度な配信メカニズム(例:ウェブトラフィック、インスタントメッセージ、FTP)を使用して、マルウェア(場合によっては、既知のマルウェアに変更を加えたもの)を送り込み、組織の内部情報システムに対するアクセスを試みる。

(出典) NIST SP800-30(独立行政法人情報処理推進機構による日本語訳)を基に作成

5.1.3. リスクアセスメント

　リスクアセスメントの最終的な目的は、特定した脅威に対して「リスク」という形で、セキュリティ要件を決定するための判断基準を出力することにある。このため、リスクは、ある程度定量的な値として表現されることが望まれる（数値やレベルなど）。リスク算出手法については様々な手法が知られているが、ここでは NIST SP 800-30 におけるアセスメントスケールによるリスク算出を紹介する。具体的には、リスクを算出するための要素として、脅威源の特徴や、脅威事象の発生可能性、対象への負の影響などを評価して定量化していく。リスク因子とリスクとの関係性を概念的に図示すると、図5-2 のように表現できると考えられる[32]。

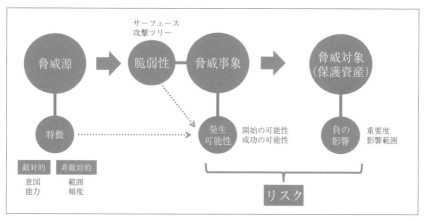

〔図 5-2〕リスク因子の関係性

---

[32] 理解しやすさを考慮して、NIST SP 800-30 で示しているリスク因子や関係性を簡素化／補正していることに留意。厳密な定義と関係性については、原文を参照されたい。

❖ 5. IoTシステムの脅威分析／リスクアセスメント

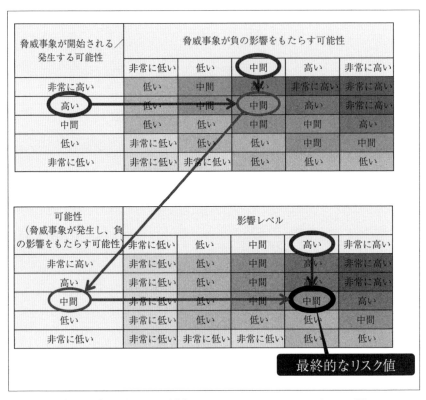

〔図 5-3〕最終リスク判定のためのアセスメントスケール例
（出典）NIST SP800-30（独立行政法人情報処理推進機構による日本語訳）を基に作成

5.1.4. 脅威分析／リスクアセスメントの課題

　脅威分析／リスクアセスメントのフローをまとめると、以下のように整理することができる[33]（図 5-4）。

　ここで特に課題として挙げられるのは、脅威の定義およびリスクの算出の難しさである。先に述べたように、リスクを算出するためには、詳細な脅威を想定し、その脅威源の特徴や脅威事象の発生可能性を明確に

---
[33] 本書独自に整理したフロー

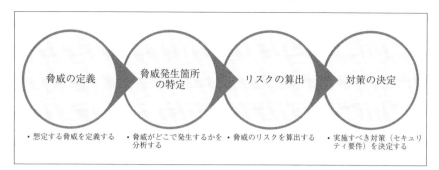

〔図5-4〕脅威分析／リスクアセスメントのフロー

定義しなければならない。しかし、網羅的かつ客観的に定義することは難しく、かつ多大なコストを必要とする。特に客観性については、脅威分析の目的が「第三者を含めた関係者との間で、セキュリティ要件として十分かを判断するための論理的根拠を与えること」であることを考慮すると、全ての関係者間で合意を得ることは難しいものと考えられる。分析者が考えた主観的かつ定性的な定義／値に依存するためである。

　このような課題を解決するための一つの手段として、標準仕様／規格等のセキュリティ基準で定義されるセキュリティ要件を活用することが考えられる。特に、国際標準（デジュール標準）であれば、国家間において合意された規格であるため、ある程度の万人性を持った合意形成を確立するための根拠となり得る。このようなセキュリティ基準のセキュリティ要件では、対象システムに特有な影響（負の影響）を考慮した調整済みベースライン（リスク）をセキュリティレベルとして定義しているものが多い。このため、元来高度な専門家が時間をかけて実施せざるを得なかったリスクアセスメントを、ある程度簡素化できる効果が期待できる。セキュリティ基準のセキュリティ要件については、次節にて述

❖5．IoTシステムの脅威分析／リスクアセスメント

べる。

　またもう一つの課題としては、脅威発生箇所の特定が挙げられる。脅威発生箇所を特定するためには、脅威分析の前段でターゲット分析として、脅威分析が可能な形式に対象システム（脅威対象）を分析する必要がある。このターゲット分析では、対象システムのより詳細で具体的な情報をインプットとすることが望ましい（システム構成やユースケースシナリオ/フローなど）。しかしながら、リスクアセスメントは、一般的には要件定義の工程で実施されることが想定されるため、詳細なシステム設計がなされていない可能性が高い（特に、新規開発のケース）。このため、リスクアセスメントは一度に完了させるのではなく、緩い設計情報から開始し、設計プロセスに評価結果をフィードバックしながら、徐々に分析精度を上げていくといった戦略が考えられる（図5-5）。このような戦略は、3.1節で述べたセキュリティバイデザインを実現するうえで有効であると考えられる。

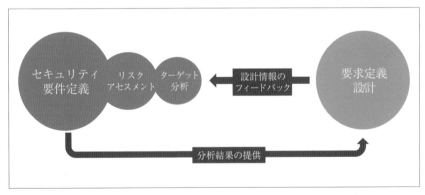

〔図5-5〕アジャイル型のセキュリティバイデザイン戦略

5.2. セキュリティ基準で求められるセキュリティ要件

本節では、IEC 62443-3-3（IEC 62443-3-3:2013/Cor1:2014）[14]で定義されている、産業制御システムに対するセキュリティ要件（セキュリティ機能要件）を例に説明する。セキュリティ要件とは、要求するセキュリティ能力／対策を極めて抽象的に表現した文章であり、セキュリティ能力／対策を抽象クラス化した定義であると捉えることができる。IEC 62443-3-3 では、セキュリティ要件に対して、対象システムに特有な影響（負の影響）を調整したベースライン（セキュリティレベル）がレベル0から4まで設定されている。レベル付けは、表5-4の通り、攻撃者が持つ攻撃資源、産業制御システムに特有のスキルを攻撃者が持っているか否か、攻撃者のモチベーションと攻撃スキルの高さ、攻撃が意図的なものかどうかによって定められている。

各セキュリティ要件には、セキュリティレベルが割当てられている。実際には、対象システムを取り巻く業界基準や顧客ポリシーなどもあるため、最終的に調整が必要となるが、このセキュリティレベルをベースラインとし、セキュリティ要件を決定付けることができる。

〔表5-4〕セキュリティレベル

セキュリティレベル	概要
レベル0	特定の要件、もしくはセキュリティ保護の必要はない
レベル1	思いつき程度、もしくは偶発的な侵害行為に対しての保護
レベル2	低い攻撃資源、一般的なスキル、低いモチベーションを伴う単純な手段を使った、意図的な侵害行為に対しての保護
レベル3	中程度の攻撃資源、産業制御システム特有のスキル、中程度のモチベーションを伴う、洗練された手段を使った、意図的な侵害行為に対しての保護
レベル4	潤沢な攻撃資源、産業制御システム特有のスキル、高いモチベーションを伴う、洗練された手段を使った、意図的な侵害行為に対しての保護

(出典) IEC 62443-3-3 を基に作成

❖5．IoTシステムの脅威分析／リスクアセスメント

　セキュリティ要件には、問題となっている脅威を防止したり、軽減したりするセキュリティ上の効果のあるものを選択する。例えば、脅威がハードディスクの損傷による情報喪失である場合、情報の複製はセキュリティ要件の選択として適切であるが、情報の暗号化は適切ではない。

　脅威と適切なセキュリティ要件との対応関係を示すセキュリティ基準は少ない。従って、脅威分析を行ってセキュリティ要件を導出する際に、こうしたセキュリティ基準を参照するだけでは、要件を導出することはできない。セキュリティ要件/対策とは、特定の脅威を予防あるいは検知、軽減、防止するための施策であることを考えると、セキュリティ要件定義を正しく、効果的に実施するためには、脅威とセキュリティ要件

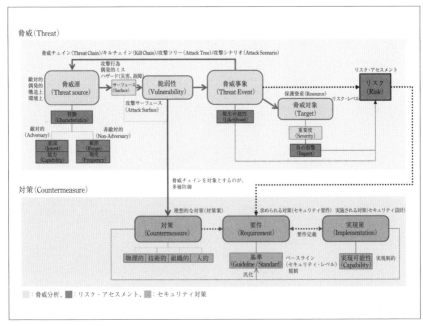

〔図5-6〕脅威と対策の関係性

− 80 −

/対策との間の関係性が重要な情報となってくる。例えば、「情報システムに係る政府調達におけるセキュリティ要件策定マニュアル」[15]では、「対策要件集 付録A」において、脅威とセキュリティ要件/対策との関係が示されている。

6

リファレンスアーキテクチャの
セキュリティ要件定義例

本章では、5章で説明した脅威分析とセキュリティ要件定義について、実際のインダストリアルIoTシステムに対して実施した例を示す。

　3章で述べたとおり、インダストリアルIoTシステムには様々な形態が有り得るが、システムの目的や用途の進化に応じて、システム構成を分類・一般化したリファレンスアーキテクチャを定義しておくことが、有効なセキュリティ対策の実施と対策コストの削減につながる。具体的には、それらリファレンスアーキテクチャに対する脅威分析とセキュリティ要件定義をあらかじめ実施し、セキュリティ対策の有効性を確認しておくことで、同様なシステムを開発する際に、あらかじめセキュリティを考慮したシステム設計を行うことができるようになるとともに、リファレンスアーキテクチャと対象システムのギャップ分析を行うことで、一から脅威分析やセキュリティ要件定義を行い、セキュリティ対策検討を行う場合に比べ、コストを削減することができる。

　ここでは、3章で述べた、システムの利用目的や用途の進化に応じて、セキュリティの観点から最も適切と考えられるリファレンスアーキテクチャ（OOBモデル、TOUCHモデル）について、脅威分析やセキュリティ要件定義を実施した事例を紹介する。

6．リファレンスアーキテクチャのセキュリティ要件定義例

6.1. OOBモデルの脅威分析・要件定義の実施例

　OOB（Out-Of-Bound、完全分離）モデルは、近年多くみられる、IoTを用いた「見える化」システムのリファレンスアーキテクチャである。

　IoTを用いた「見える化」では、これまで見ることができなかった製造機器などのOTの挙動や振る舞いを、センサーによってセンシングしたデータをクラウド等にアップロードし、Web画面等で「見える化」して、機器の状態を監視・観測することが目的である。この「見える化」により、これまで分からなかった機器の状態をリアルタイムに観測できるようになり、新たな気づきを得るとともに、運用や保守の効率化につながると期待される。

　「見える化」のためのセンサー情報には、これまで通信コスト等の制限でアップロードできていなかったOTシステムのログやセンサーデータに加え、新たにセンサーを外付けしてこれまで得られていなかった新たな情報を収集するケースも多い。

　しかし、いずれの場合も、セキュリティ面では、製造装置などフィールドのOT機器に外部から影響を与えないように、IoT側からOTへの通信は遮断するか、もしくは通信できないようにすることが重要であり、本書ではOTとIoTを明確に分離したセキュリティモデルとしてOOBモデルを提唱する。このOOBモデルを採用することにより、IoTシステムのセキュリティ対策は、基本的には通常のITシステムと同じように考えることができる。具体的には、センサーやIoTゲートウェイ、そしてクラウドのセキュリティ対策が重要な対策ポイントとなる。

　以下、具体的なシステム構成例とユースケースの例、および脅威分析の実施結果と、脅威に対して実施すべきセキュリティ要件の例について

述べる。

6.1.1. ターゲット分析

OOBモデルを採用した「見える化」のIoTシステム構成例（概要）を図6-1に示す。

本システムは、クラウドサービス上に配置されるサービス（M2Mサービス、ユーザサービス）と、エッジ装置（ゲートウェイ装置、センサー装置など）上に配置されるエージェントから構成される。ここでは、センサー装置によりセンシングした情報を、ゲートウェイ装置上のエージェントを介してクラウドサービスとやり取りするシステム構成を例に示す。

センサー装置によりセンシングしたデータは、ゲートウェイ装置のエージェントを経由して、クラウドに収集される（M2Mサービス）。ゲートウェイ装置とクラウド間の通信は、M2M系の通信（HTTP、SOAP、MQTTなど）が利用される。収集したデータは、ユーザ（対象機器・システムを監視・観測する利用者）に対してWebで提供される見える化サービス等で利用される（ユーザサービス）。また、対象の機器の管理や、管

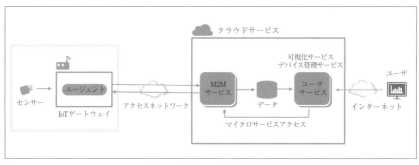

〔図6-1〕OOBモデル IoTシステム構成例（概要）

❖6．リファレンスアーキテクチャのセキュリティ要件定義例

理者以外のユーザアカウント管理も、ユーザサービスを介して行われる。
　以下、本 IoT システムが提供するサービスの対象範囲をまとめる。

① M2M サービス
　遠隔にある現地環境のセンサー装置でセンシングしたデータを、ゲートウェイ装置のエージェントを介して、M2M 通信によりデータ収集を行うサービス。M2M 通信の回線は、本書ではモバイルキャリア事業者が提供するパケット網（非公開網）を利用する構成を考える。また、エッジ装置のアクティベーションやソフトウェア配信などのデバイス管理も本サービスにより行われる。

②ユーザサービス
　M2M サービスで収集したセンシングデータの見える化や、ユーザ（対象機器・システムを監視・観測する利用者）のアカウントの管理、および、エッジ装置（ゲートウェイ装置、センサー装置）の管理を提供するための Web サービス（HTTP による Web アクセス）。

　なお、②ユーザサービスについては、一般的な IT システムのセキュリティ対策で対応できるため、以降は① M2M サービスの範囲のみを対象として、脅威分析およびセキュリティ要件の抽出例を示す。また、上記サービスを開発・構築する際、および、サービス自体の運用保守を行う際のセキュリティ対策についても本来は検討が必要であるが、本書では省略する。
　次に、本システムで想定するユースケースシナリオと正規関与者を表 6-1 および表 6-2 にそれぞれ示す。本来は全てのサービス・ユースケ

ースについて分析を行うが、本書では簡略化し、①M2Mサービスを用いた「UC-1 エッジ装置のアクティベーション」、「UC-2 センシングデータの収集」の2つのユースケースを例に分析を行う。

6.1.2. 脅威分析／リスクアセスメント

前項で示した OOB モデル IoT システムの M2M サービスについて、5章で述べた脅威分析／リスクアセスメントの例を示す。

脅威分析とは、分析対象システム・装置に想定されるセキュリティ脅威を洗出し、それに対する対策の決定につなげることを目的とした分析である。脅威分析では、図6-2の形式で脅威事象を特定する。具体的には、まず分析ターゲット（対象システム）の定義を行い、脅威源・発生箇所を特定する。次に、分析対象システムの中で、保護すべき資産を定義することで、最終的に保護資産に対して、「どこから」、「誰が」、「何を」、「どうする」といった脅威事象を決定する。

〔表6-1〕想定するユースケースシナリオ

番号	ユースケース名	説明	サービス
UC-1	エッジ装置のアクティベーション	エッジ装置、主にゲートウェイ装置の有効化	①
UC-2	センシングデータの収集	センシングしたデータの収集	①
UC-3	エッジ装置の管理	デバイスの登録、更新など	②
UC-4	ユーザサービスのアカウント管理	サービス利用者アカウントの管理	②
UC-5	ユーザサービスの利用	ユーザサービスが提供するサービスの利用	②

〔表6-2〕IoT システムの正規関与者

正規関与者	対象ユースケース	説明
システム運用担当	UC-1、UC-2	IoT サービスのサービスメニュー全般（初期設定・設定変更、問合せ対応等）を手順書に従って実行する。
サービス契約管理者	UC-3、UC-4、UC-5	サービス利用者のアカウント管理を行う。
サービス利用者	UC-5	本システムが提供するユーザサービス（見える化、デバイス管理など）を利用するユーザ。

❖ 6. リファレンスアーキテクチャのセキュリティ要件定義例

　まず、本システムが保有する保護資産について、種別（データ種別やセキュリティが要求する特性）を整理し、表6-3に示す。

　また、脅威発生箇所については、表6-4に示した4種類の発生箇所種別を定義する。

　さらに、脅威発生箇所の特定を行うため、詳細なシステム構成要素を図6-3に示す。また、システム構成要素間の関係性を示すI/F図を図6-4

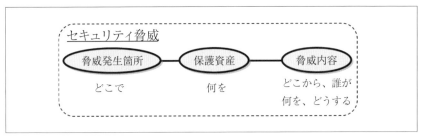

〔図6-2〕セキュリティ脅威の概念図

〔表6-3〕IoTシステムの保護資産

名称	種別	保護資産内容
センシングデータ	データ	ー
イベントデータ	データ	ー
デバイス情報	セキュリティデータ	デバイスID、デバイスクレデンシャル、SIM契約番号
アクティベーション情報	セキュリティデータ	アクティベーション鍵から生成される認証データ（クライアントシークレット）等を含む
サービスプログラム	プログラム	ー
エージェントプログラム	プログラム	ー

〔表6-4〕脅威発生箇所の種別

種別名	種別内容
運用・物理環境	システム構成要素の運用・物理環境で発生する脅威
通信路	システム構成要素を結ぶ通信路上で発生する脅威
構成要素	システム構成要素自体に発生する脅威
インターフェース（I/F）	システム構成要素のI/F経由で発生する脅威

に示し、同図を用いてI/Fの脅威分析を行う。なお、対象とするM2Mサービスに係る機能一覧は表6-5の通りである。

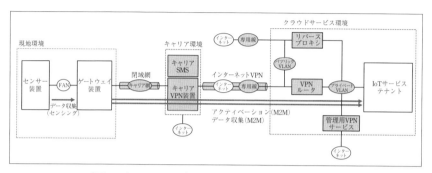

〔図6-3〕OOBモデルIoTシステム構成例（詳細）

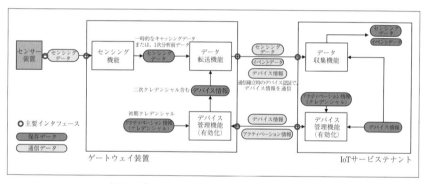

〔図6-4〕OOBモデルIoTシステムI/F図

〔表6-5〕M2Mサービスに係る機能一覧

機能名	機能内容
デバイス管理機能	M2Mサービスのデバイス管理インターフェース機能。デバイスの有効化等の管理を行う。
データ収集機能	M2Mサービスのデータ収集インターフェース機能。ゲートウェイ装置エージェントと通信し、センシングデータ、イベントデータ、デバイス情報を収集する。
データ転送機能	ゲートウェイ装置エージェントのM2Mインターフェース機能。センシングデータを一時的に集積し、M2Mサービスへ送信する。
センシング機能	センサー装置のM2Mインターフェース機能。センシングしたデータを、ゲートウェイ装置へ送信する。

6.1.3. 脅威分析の結果

脅威分析では、前述の脅威発生箇所を特定したうえで、脅威源から保護資産に対する脅威を網羅的に洗い出す。

ここでは、発生箇所種別が「通信路」および「I/F」に対して、特徴的な脅威について洗い出した結果のみを図示して説明する。

まず、通信路に対する脅威分析の結果を図6-5に示す。

図の破線がユースケースシナリオのデータ収集（センシング、M2M）、アクティベーション（M2M）に伴う通信路であり、次のような共通の脅威が存在する。

- 敵対者が通信路を切断する／不正に接続する
- 敵対者が通信を妨害する／乗っ取る
- 敵対者がセンシングデータを盗聴して悪用する／改ざんする

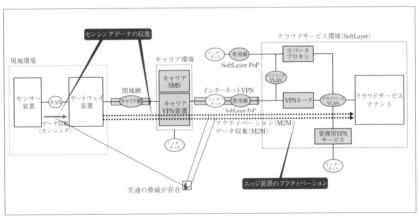

〔図6-5〕M2Mサービス 通信路 脅威源マッピング図

また、I/F に対する脅威分析の結果を図 6-6 に示す。

I/F については、三つの通信について、それぞれ下記の脅威が存在している。

センサー装置～ゲートウェイ装置間
- ウイルスが侵入する
- 敵対者が不正に停止する／サービスを妨害する／外部システムへの攻撃に利用する／OS や M/W に関する情報を推測して悪用する
- 敵対者が不正に登録、編集、削除する／不正に参照する

ゲートウェイ装置～クラウドサービステナント（データ収集機能）間
- ウイルスが侵入する
- 敵対者が不正に停止する／サービスを妨害する／外部システムへの攻撃に利用する／OS や M/W に関する情報を推測して悪用する／

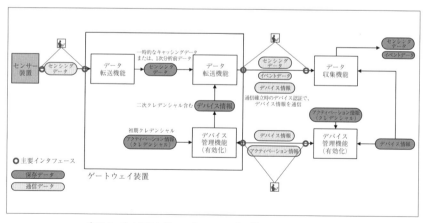

〔図 6-6〕M2M サービス I/F 脅威源マッピング図

❖6．リファレンスアーキテクチャのセキュリティ要件定義例

敵対者が不正に登録、編集、削除する／不正に参照する／推測して悪用する／漏洩したものを悪用する

ゲートウェイ装置～クラウドサービステナント（デバイス管理機能）間
- ウイルスが侵入する
- 敵対者が不正に停止する／サービスを妨害する／外部システムへの攻撃に利用する／OSやM/Wに関する情報を推測して悪用する
- 敵対者が不正に登録、編集、削除する／不正に参照する／推測して悪用する／漏洩したものを悪用する

6．1．4．セキュリティ機能要件

前述の脅威分析により特定した脅威に対し、リスクを算出し、実施すべき対策（セキュリティ要件）を決定する。ここでは、一例として、前述のM2Mサービスの「通信路」に係る脅威発生箇所について、IEC 62443で定義されたレベル1の要求事項で求められるセキュリティ要件の抜粋を表6-6に示す。

なお、IEC 62443で定義されているセキュリティ機能要件では、そのセキュリティ強度に応じたレベル付けがされている。Functional Security Assessment for Embedded Devices（以下、FSA-E）ではレベル1~3まで、Functional Security Assessment for System（以下、FSA-S）ではレベルが1~4まで定義されている。表6-6の要件Noは、IEC 62443の要件Noを表している（SR：System Requirement：システム要求事項、RA：Resource Availability：リソース可用性、NRA：Network Resource Availability：ネットワークの可用性）。

〔表6-6〕通信路レベル1脅威 - セキュリティ要件一覧表

| 脅威内容 ||| 要件 ||
対象	関与者	行為または現象	要件No.	項目名
通信路	第三者	切断する。 不正に接続する。	SR7.1	サービス不能攻撃からの保護
通信路	第三者	切断する。 不正に接続する。	FSA-NRA-1.5	必須サービスの保全
通信路	第三者	切断する。 不正に接続する。	FSA-S-RA-5	非常用電力
通信路	第三者	不正に接続する。	FSA-NRA-1	サービス不能攻撃からの保護
通信路	第三者	不正に接続する。	FSA-NRA-1.5	必須サービスの保全
通信路	第三者	不正に接続する。	FSA-NRA-1.2	プロトコルファジングからの保護
通信路	第三者	不正に接続する。	FSA-S-RA-1	サービス不能攻撃に対する保護
通信	第三者	妨害する。	FSA-NRA-1	サービス不能攻撃からの保護
通信	第三者	妨害する。	FSA-NRA-1.5	必須サービスの保全
通信	第三者	妨害する。	FSA-S-RA-5	非常用電力
通信	第三者	妨害する。 乗っ取る。	FSA-NRA-1	サービス不能攻撃からの保護
通信	第三者	妨害する。 乗っ取る。	FSA-NRA-1.5	必須サービスの保全
センシング データ	第三者	盗聴して 悪用する。	FSA-NRA-1	サービス不能攻撃からの保護
センシング データ	第三者	盗聴して 悪用する。	FSA-NRA-1.5	必須サービスの保全

6.1.5. セキュリティ機能要件に対する対策例

前述のセキュリティ機能要件に対し、どのレベルの要件まで対策を実施するか方針を決定して、セキュリティ対策を実施する必要がある。ここでは、セキュリティ機能要件に基づくセキュリティ対策の例として、サービス不能攻撃からの保護（FSA-S-RA-1）に相当する対策について述べる。

サービス不能攻撃は、利用者がサービスを利用できなくすることを目的とした攻撃であり、主に第三者からの攻撃を想定した場合、パブリッ

❖6．リファレンスアーキテクチャのセキュリティ要件定義例

〔表6-7〕サービス不能攻撃対策

セキュリティ機能要件	
FSA-S-RA-1 サービス不能攻撃からの保護	SL1 以上
FSA-S-RA-1.1 通信負荷の管理	SL2 以上

ク・ネットワークからのサービス不能攻撃に対する対策が求められる。サービス不能攻撃からの保護としては、パブリック・ネットワークとの接続点や通信のエンドポイント（本構成ではIoTゲートウェイのエージェント）などで対処することが考えられる。

　パブリック・ネットワークとの接続点では、ルータなどに搭載されているファイアウォール機能を利用して、パケット・フィルタリングや、ハンドシェイクの再送タイムアウト設定の短縮などが有効とされる。ただし、大量のパケットを送信するFlood系攻撃に対しては、一般的なファイアウォール機能では限界があるため、ルータの冗長化やリソース増強などの対策も併せて行うことが必要である。

　一方、通信のエンドポイントでは、基本的には、前面のルータでサービス不能攻撃対策を行うが、セッションを長期的に確保してサービスのセッションリソースを消費するスローDoS攻撃などの対策は、サービス・エンドポイントで実施する必要がある。

　このようにサービス不能攻撃は、クラウド側のサービスだけではなく、エッジ装置に対しても行われる可能性がある。特に、インターネットのような公開網に接続するケースを考えた場合は、エッジ装置での対策が求められる。例えばエッジ装置上のホストベース・ファイアウォールなどを利用する方法も考えられるが、リソースの少ないエッジ装置での対策は限定的にならざるを得ない。また、サービス不能攻撃に限らず、単

純に不正アクセス等に対する攻撃機会（脆弱性探索攻撃やゼロデイ攻撃など）が増加するため、高いセキュリティレベルが要求されるケースにおいては、閉域網の通信経路を採用することが望ましい。

6.2. TOUCH モデルの脅威分析

　TOUCH モデルは、フィールド機器の状態の分析や最適化に必要な情報を、オンデマンドで取得することを目的とした IoT システムのリファレンスアーキテクチャである。

　例えば、遠隔監視により「見える化」を行う場合、現状では、通信路の制限やコスト面から、大量の情報をアップロードして「見える化」することは難しく、監視に最低限必要なログやセンサーに限定してアップロードするほか、分単位のサマリデータ（平均値や代表値など）に加工してからアップロードする場合が多い。

　しかし、遠隔監視により何らかの異常が発見された時に、わざわざ現地に行って原因解析を行うのではなく、遠隔地で更に詳細な原因解析を行い適切な保守を指示することで、保守コストを削減したいといった要望や、異常を早期かつ一時的に回避するために、対象装置やシステムにパッチを当てたりコンフィギュレーションを変更したりしたいといった、運用保守の最適化を IoT システムで実現したいという要望は多い。

　この場合、対象機器のより詳細なログやセンサー値を取得するために、必要最低限のコマンドを外部から対象機器に送信し、ログ出力の設定などを変更しなければならない場合が考えられる。その際、運用保守で行われる操作が機器やシステムの制御に影響を与えないことが前提であるが（これは対象の OT 機器・システムで当然考慮されている前提とする）、TOUCH モデルは、更に、IoT と OT の接続点を限定するとともに、外部から利用可能な操作を限定することで、「接続されているが、セキュリティを分離して考える」ことができるアーキテクチャとなっている。

　なお、最適化とは、対象のフィールド機器・システムより得られた情

報から最適な状態を推定する機能を指しており、その結果に基づいて対象機器・システムの重要な制御を行うオペレーションは含まないこととする。対象機器・システムの重要な制御を外部から自動的／自律的に行うようなケースでは、更に高度なセキュリティモデルである INLINE モデルでの検討が必要である。

6.2.1. 脅威分析／リスクアセスメント

TOUCH モデルでは、前節で述べた OOB モデルの構成に加え、外部から IoT ゲートウェイにアクセスして運用保守に必要最低限なコマンドを送信する必要があるため、アクセスを限定する対策と、その際に生じる脅威に対するセキュリティ要件が重要となる。

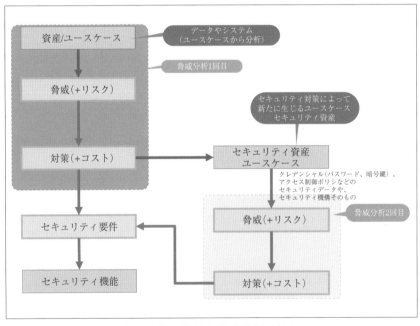

〔図 6-7〕理想的な脅威分析の流れ

❖6．リファレンスアーキテクチャのセキュリティ要件定義例

　まず、理想的な脅威分析の流れを説明する。ここで「理想的」と言っている意味合いは、脅威分析の網羅度について指している。

　理想的な脅威分析では、まずセキュリティ機能を考えていない資産とユースケースに対して、脅威とその脅威が顕在化することによるリスクを抽出する。次に、その脅威を低減するためのセキュリティ対策を、対策費用を考慮した上で立案する。ここまでを1回目の脅威分析として行う。

　2回目の脅威分析では、1回目の脅威分析の結果として立案したセキュリティ対策を行ったことにより生じるセキュリティ情報資産および追加のユースケースを対象に、再度分析を実施する。これにより、最終的には、セキュリティ対策による情報資産とユースケースを包括した形での脅威分析を実施することができるため、網羅度の高いセキュリティ要件および機能が導出できる。

　しかしながら、これら脅威分析と対策の繰り返しは、多大なコストと時間を要する。そこで、脅威分析を行う前にセキュリティ対策を入れ込んだシステム設計を行い、セキュリティ対策を含んだ形での情報資産とユースケースを考える。これにより、脅威分析の結果、追加したセキュリティ対策によって、システム構成の変更やユースケースの追加等の大幅な修正がされないことが期待され、結果としてセキュリティ機能を導くための効率化につながる。特に、デジタルトランスフォーメーションにおけるスピード感が求められる開発では、このような方法で脅威分析を行うことがポイントとなる。

　本書で導入したリファレンスアーキテクチャでは、TOUCHモデルでの外部からのアクセスを限定する対策をリファレンスとして定義し、新

たなシステム開発では本対策をあらかじめ導入したうえで脅威分析を行うことで、脅威分析およびセキュリティ要件定義の効率化と、セキュアなシステム開発のスピードアップを図っている。システム開発での脅威分析・セキュリティ要件定義を実践する際の参考とすることで、リファレンスアーキテクチャによる効率化につながると考える。

7
おわりに

IoTの進展に伴うサイバーセキュリティの重要性の高まり

　インターネットを介してモノがつながること（IoT）によってサイバー空間とフィジカル空間が融合し、新たなビジネス価値が創造される時代には、サイバーセキュリティの重要性が高まる。IoTによってサイバー攻撃の起点が増えることで、複雑につながるサプライチェーンを通じサイバーリスクの範囲は拡大していく上に、サイバー空間とフィジカル空間が繋がることで、サイバー空間で起きる攻撃の影響がフィジカル空間にまで到達するからである。社会がサイバー攻撃への対策を怠れば、社会インフラ等の重要な機能を維持することが困難になり、市民、企業、社会全体に大きな影響を与えかねない。このため、IoTの作り手、担い手の企業には、主体的に、サイバーセキュリティ対策に取り組むことが求められている。

　経営者が適切なセキュリティ投資を行わずに、そのことに起因して社会に対して損害を与えてしまった場合は、社会から、リスク対応の是非や経営責任、さらには法的責任まで問われる。加えて、サプライチェーンのセキュリティ対策の必要性を背景として、サイバーセキュリティを考慮しない製品・システムや企業組織は、グローバルなサプライチェーンからはじき出されるおそれがある。

グローバルに通用する国際規格の共通性

　日本の製品・サービスが、国際市場における競争力を維持するには、グローバルに通用するセキュリティ対策を採用する必要がある。経済産業省の「サイバー・フィジカル・セキュリティ対策フレームワーク」においても、ISO 27001等の国際標準やNISTのサイバーセキュリティフ

7. おわりに

レームワーク等に代表される海外の既存の規格等と、整合をとる必要が指摘されている。こうしたグローバルに通用する国際規格等で取り上げられている対策には、共通の項目も多い。たとえば、製品・サービスのセキュリティ対策に関しては、セキュリティバイデザインに基づく設計開発が重視されている。また、開発した製品や運用されているシステムの資産管理を行って、それらを構成しているソフトウェア・ハードウェアの構成情報を整備し、その情報に基づいて新たに見つかる脆弱性に製品やシステムが該当するか否かを監視する仕組み・体制の構築も、共通して取り上げられている項目である。加えて、セキュリティインシデントやその予兆を検知・分析する機能や仕組み・体制づくり、インシデント発生時の対応計画の策定・実施、インシデントを解消する活動の実施なども共通している。企業内外の関係者に対して、サイバーセキュリティ意識向上の教育・訓練を施すこともまた重要である。セキュリティインシデントの発生やその影響を抑制するには、定期的・継続的な教育・訓練が重要になってくる。さらには教育・訓練だけではなく、これら対策・取組み全体のPDCAサイクルを持続的に廻して、継続的に改善することの大切さが指摘されている。

本書2章で導入したセキュリティライフタイムプロテクションのコンセプト、すなわち、(a)「設計・防御フェーズ」におけるセキュリティバイデザイン、(b)「運用監視・予測検知フェーズ」における脅威や脆弱性を予測・検知する基盤の整備、(c)「インシデント対応・復旧フェーズ」におけるCSIRT/PSIRTの体制構築と運用支援、インシデント対応・復旧の効率化、(d)「評価・検証フェーズ」におけるリリース前製品・導入品のセキュリティ評価および開発後の製品・システムで脆弱性が見つか

った際の「設計・防御フェーズ」へのフィードバック、さらには (a) 〜 (d) までのフェーズをサイクリックに回すことで、セキュリティ対策全体の改善を図るというコンセプトは、グローバルな規格等で共通に取り上げられている対策と整合している。

まとめ

　このコンセプトのように、国際標準や各種のフレームワークが共通して求めているセキュリティ対策と整合性のあるサイバーセキュリティ対策を進めることは、製品・サービスのセキュリティ品質を高め国際競争力を獲得するための要件だと言える。こうした努力は、進みつつあるサイバーフィジカルシステムの実現のために、欠かせない企業活動となるだろう。

❖用語

〔用語〕

セキュリティマネジメント …… P.5

　企業・組織におけるセキュリティの確保について、組織的・体系的に取り組むこと。特に情報セキュリティマネジメントは ISMS と呼ばれ、国際的な規格 ISO/IEC27001 として標準化されている。

MFP …… P.9

　プリンタとスキャナー、コピー機、FAX などの機能を備える多機能プリンタを指す。

SCADA …… P.22

　産業制御システムの一種。コンピュータによるシステム監視とプロセス制御を行う。一般に、ユーザインタフェース、監視制御システム、遠方監視制御装置、通信基盤のようなサブシステムから構成される。

PLC …… P.22

　リレー回路の代替装置として開発された制御装置。工場などの自動機械の制御に使われるほか、エレベーター、自動ドア、ボイラー等の機械の制御に使用される。

DDoS 攻撃 …… P.48

　ネットワークを通じた攻撃手法の一種。標的の製品・システムに対して、複数の機器・IT システム等から大量の処理負荷を与えることで、その製品・システムのサービスを機能停止状態へ追い込む手法のこと。

Docker …… P.47

　非常に軽量なコンテナ型のアプリケーション実行環境。dotCloud 社（現 Docker 社）が開発し、2013 年にオープンソースのプロジェクトと

して公開された。

コンテナ …… P.47

　利用できる名前空間やリソースが他のプロセスからは隔離され、それぞれ固有の設定を持てるようになっているもの。コンテナ内のアプリケーションから見ると、独立したコンピュータ上で動作しているように振る舞う。

レイヤー …… P.49

　ISO が決めた、異なるベンダ間で相互通信するための「ネットワーク・モデル」と言われる統一規格である OSI 参照モデルは、コンピュータなどの通信プロトコルを 7 つの階層に分けて定義している。この各層のことをレイヤーと呼ぶ。レイヤー 3 はネットワーク層と呼ばれインターネットワークでの通信機能を、レイヤー 4 はトランスポート層と呼ばれデータ通信の制御機能を、レイヤー 7 はアプリケーション層と呼ばれアプリケーション間のやり取りの機能を規定している。

SYN flood 攻撃 …… P.49

　TCP 接続において SYN パケットを受けとったサーバは、そのクライアントの接続を許可する SYN ACK パケットを送信する。SYN flood 攻撃は、クライアントがこの操作を意図的に行わないことでサーバに負荷を与える。SYN flood 攻撃をおこなうクライアントは、サーバに大量の SYN パケットを送ったあと、サーバから返された SYN ACK パケットを無視する。サーバはクライアントからの ACK パケットを一定時間待たなければならないが、この間サーバはクライアントの情報を保持するためメモリ領域を消費する。この現象が大量に発生すると、サーバは TCP 接続のために使えるメモリを消費しつくしてしまうた

め、正当な TCP 接続の準備ができなくなる。このときサーバは、他のクライアントから TCP 接続要求を送っても反応しないため、ダウンしているようにみえる。

セキュアブート …… P.34

　PC の起動に関する技術。起動時にデジタル署名のあるソフトウェアしか実行できないようにすることで、ルートキットなどが OS より早い段階で実行され、OS によるマルウェア検出が作為的に飛ばされることを防ぐ。コンピュータのより安全な起動が可能になる。

トラストアンカー …… P.56

　PKI の電子証明書のように証明が連鎖した構造をもっているとき、正しく連鎖しているかどうかを確認する基点のこと。

JPCERT/CC …… P.56

　JPCERT コーディネーションセンターのこと。インターネットを介して発生するセキュリティインシデントについて、日本国内のサイトに関する報告受付け、対応支援、発生状況把握の対策検討、助言などを、技術的な立場から行なう中立の組織。

サイバーキルチェーン …… P.72

　米国の Lockheed Corporation が 2009 年に提唱した、標的型攻撃における攻撃者の一連の行動を軍事行動になぞらえてモデル化したもの。

ISO …… P.13

　国際標準化機構。162 の標準化団体で構成される、国際規格の世界的相互扶助を目的とする独立組織。

IEC …… P.13

　国際電気標準会議。電気・電子技術分野における国際標準規格（デ

ジュール標準）を定める国際標準化団体。

IEC 62443 …… P.13

　IEC 62443 Industrial communication networks - Network and system security。汎用的な制御システムを対象とした、セキュリティマネジメントシステム構築、システムのセキュリティ要件 / 技術概説、部品（装置・デバイス）層におけるセキュリティ機能 / 開発プロセス要件などを定めた IEC 規格。本書執筆時点では、4 シリーズにより構成。

NIST …… P.13

　米国国立標準技術研究所。科学技術分野における計測と標準に関する研究を行う米国商務省に属する政府機関である。

SP800 シリーズ …… P.21

　SP800 シリーズは、NIST が発行するコンピュータセキュリティ関係のレポート。米国の政府機関がセキュリティ対策を実施する際に利用することを前提としてまとめられた文書だが、セキュリティマネジメント、リスクマネジメント、セキュリティ技術、セキュリティの対策状況を評価する指標、セキュリティ教育、インシデント対応など、セキュリティに関し幅広く網羅しており、政府機関、民間企業を問わず、セキュリティ担当者にとって有益な文書である。

コンジット …… P.26

　2 つ以上のゾーンを接続する、セキュリティ要求事項を共有する通信チャネルの論理グループ。コンジットは、コンジット内に含まれるチャネルのセキュリティゾーンの影響を受けない限り、ゾーンを横断してもよい。

参考文献

[1] IPA: つながる世界の開発指針, 2016
https://www.ipa.go.jp/files/000060387.pdf

[2] IPA: IoT 開発におけるセキュリティ設計の手引き, 2016
https://www.ipa.go.jp/files/000052459.pdf

[3] IoT 推進コンソーシアム : IoT セキュリティガイドライン Ver.1.0, 2016
http://www.meti.go.jp/press/2016/07/20160705002/20160705002-1.pdf

[4] 重要生活機器連携セキュリティ協議会 : 製品分野別セキュリティガイドライン第 1 版, 2016.
https://www.ccds.or.jp/public_document/index.html#guidelines1.0

[5] 内閣サイバーセキュリティセンター : 安全な IoT システムのためのセキュリティに関する一般的枠組, 2016.
http://www.nisc.go.jp/active/kihon/pdf/iot_framework2016.pdf

[6] NIST: Framework for Improving Critical Infrastructure Cybersecurity ver1.1 (NIST Cybersecurity framework ver1.1), Apr.2018.
https://nvlpubs.nist.gov/nistpubs/CSWP/NIST.CSWP.04162018.pdf

[7] NIST: NIST SP 800-183, Network of 'Things', Jul. 2016.
https://nvlpubs.nist.gov/nistpubs/specialpublications/nist.sp.800-183.pdf

[8] NIST: NIST SP 800-30 Revision 1, Guide for Conducting Risk Assessments, Sep. 2012.
http://nvlpubs.nist.gov/nistpubs/Legacy/SP/nistspecialpublication800-30r1.pdf

[9] NIST: NIST SP 800-53 Revision 4, Security and Privacy Controls for Federal Information Systems and Organizations, Apr. 2013
https://nvlpubs.nist.gov/nistpubs/SpecialPublications/NIST.SP.800-53r4.pdf

（日本語版）https://www.ipa.go.jp/files/000056415.pdf

[10] NIST: NIST SP 800-82 Revision 2, Guide to Industrial Control Systems (ICS) Security, May 2015.

https://nvlpubs.nist.gov/nistpubs/specialpublications/nist.sp.800-82r2.pdf

（日本語版）

https://www.jpcert.or.jp/research/2016/NISTSP800-82r2_20160314.pdf

[11] IPA: IPA テクニカルウォッチ「ソースコードセキュリティ検査」に関するレポート, 2011.

https://www.ipa.go.jp/files/000024762.pdf

[12] 内閣サイバーセキュリティセンター：情報セキュリティを企画・設計段階から確保するための方策（SBD（Security by Design）), 2011.

https://www.nisc.go.jp/active/general/pdf/SBD_overview.pdf

[13] ETSI: ETSI TR 103 167 V1.1.1, Machine-to-Machine Communications（M2M）; Threat analysis and counter-measures to M2M service layer, Aug. 2011.

http://www.etsi.org/deliver/etsi_tr/103100_103199/103167/01.01.01_60/tr_103167v010101p.pdf

[14] IEC: IEC 62443-3-3:2013, Industrial communication networks - Network and system security – Part 3-3: System security requirements and security levels, Aug. 2013.

https://webstore.iec.ch/publication/7033

[15] 内閣サイバーセキュリティセンター：情報システムに係る政府調達におけるセキュリティ要件策定マニュアル, 2015.

https://www.nisc.go.jp/active/general/sbd_sakutei.html

❖7．おわりに

[16] oneM2M Partners Type 1: oneM2M Technical Report TR-0008-V2.0.0, Aug. 2016.
http://www.onem2m.org/images/files/deliverables/Release2/TR-0008-Security-V2_0_0.pdf

[17] Shumacher, M., et al.: Security Patterns: Integrating Security and Systems Engineering, Wiley, Feb. 2006.

[18] 経済産業省：サイバー・フィジカル・セキュリティ対策フレームワーク version1.0, 2019
https://www.meti.go.jp/press/2019/04/20190418002/20190418002-2.pdf

■著作・製作　　東芝デジタルソリューションズ株式会社

■企画・編集　　（以下、氏名50音順）
　　　　　　　　岡田　光司　　斯波　万恵　　島田　毅

■執筆者　　　　阿部　真吾　　池田　竜朗　　大矢　章晴
　　　　　　　　岡田　光司　　小島　健司　　佐野　文彦
　　　　　　　　斯波　万恵　　島田　毅

●ISBN 978-4-904774-51-9

一般社団法人　電気学会　編集
スマートグリッドとEMC調査専門委員会

設計技術シリーズ
スマートグリッドとEMC
― 電力システムの電磁環境設計技術 ―

本体 5,500 円＋税

1．スマートグリッドの構成とEMC問題
2．諸外国におけるスマートグリッドの概況
　2.1　米国におけるスマートグリッドへの取り組み状況
　2.2　欧州におけるスマートグリッドへの取り組み状況
　2.3　韓国におけるスマートグリッドへの取り組み状況
3．国内における
　　スマートグリッドへの取り組み状況
　3.1　国内版スマートグリッドの概況
　3.2　経済産業省によるスマートグリッド／コミュニティ
　　　への取り組み
　3.3　スマートグリッド関連国際標準化に対する経済産業
　　　省の取り組み
　3.4　総務省によるスマートグリッド関連装置の標準化
　　　への対応
　3.5　スマートグリッドに対する電気学会の取り組み
　3.6　スマートコミュニティに関する経済産業省の実証実験
　3.7　スマートコミュニティ事業化のマスタープラン
　3.8　NEDOにおけるスマートグリッド／コミュニティへ
　　　の取り組み
　3.9　経済産業省とNEDO以外で実施された
　　　スマートグリッド関連の研究・実証実験
4．IEC（国際電気標準会議）における
　　スマートグリッドの国際標準化動向
　4.1　SG3（スマートグリッド戦略グループ）から
　　　SyC Smart Energy（スマートエネルギーシステム委
　　　員会）へ
　4.2　SG6（電気自動車戦略グループ）
　4.3　ACEC（電磁両立性諮問委員会）
　4.4　TC 77（EMC規格）
　4.5　CISPR（国際無線障害特別委員会）
　4.6　TC 8（電力供給に係るシステムアスペクト）
　4.7　TC 13（電力量計測，料金・負荷制御）
　4.8　TC 57（電力システム管理および関連情報交換）
　4.9　TC 64（電気設備および感電保護）
　4.10　TC 65（工業プロセス計測制御）
　4.11　TC 69（電気自動車および電動産業車両）
　4.12　TC 88（風力タービン）
　4.13　TC 100（オーディオ、ビデオおよびマルチメディ
　　　　アのシステム／機器）
　4.14　PC 118（スマートグリッドユーザインターフェース）
　4.15　TC 120（Electrical Energy Storage Systems：電
　　　　気エネルギー貯蔵システム）
　4.16　ISO/IEC JTC 1（情報技術）

5．IEC以外の国際標準化組織における
　　スマートグリッドの動向
　5.1　ISO/TC 205（建築環境設計）における
　　　スマートグリッド関連の取り組み状況
　5.2　ITU-T（国際電気通信連合の電気通信標準化部門）
　5.3　IEEE（電気・電子分野での世界最大の学会）における
　　　スマートグリッドの動向
6．スマートメータとEMC
　6.1　スマートメータとSNS連携による再生可能エネルギー
　　　利活用促進基盤に関する研究開発　（愛媛大学）
　6.2　スマートメータに係る通信システム
　6.3　暗号モジュールを搭載したスマートメータからの
　　　情報漏えいの可能性の検討
7．スマートホームとEMC
　7.1　スマートホームの構成と課題
　7.2　スマートホームに係る通信システム
　7.3　電力線重畳型認証技術　（ソニー）
　7.4　スマートホームにおける太陽光発電システム
　　　（日本電機工業会）
　7.5　スマートホームにおける電気自動車充電システム
　7.6　スマートホーム・グリッド用蓄電池・蓄電システム
　　　（NEC：日本電気）
　7.7　スマートホーム関連設備の認証
　　　（JET：電気安全環境研究所）
　7.8　スマートホームにおけるEMC
　7.9　スマートグリッドに関連した
　　　電磁界の生体影響に関わる検討事項
8．スマートグリッド・スマートコミュニティ
　　とEMC
　8.1　スマートグリッドに向けた課題と対策
　　　（電力中央研究所）
　8.2　スマートグリッド・スマートコミュニティに係る
　　　通信システムのEMC
　8.3　スマートグリッド関連機器のEMCに関する取組み
　　　（NICT：情報通信研究機構）
　8.4　パワーエレクトロニクスへのワイドバンド
　　　ギャップ半導体の適用とEMC（大阪大学）
　8.5　メガワット級大規模蓄発電システム（住友電気工業）
　8.6　再生可能エネルギーの発電量予測と
　　　IBMの技術・ソリューション
付録　スマートグリッド・コミュニティに対する
　　　各組織の取り組み
　A　愛媛大学におけるスマートグリッドの取り組み
　B　日本電機工業会の
　　　スマートグリッドに対する取り組み
　C　スマートグリッド・コミュニティに対する東芝の取り組み
　D　スマートグリッド・コミュニティに対する三菱電機の取り組み
　E　スマートシティ／スマートグリッドに対する
　　　日立製作所の取り組み
　F　トヨタ自動車のスマートグリッドへの取り組み
　G　デンソーのマイクログリッドに対する取り組み
　H　スマートグリッド・コミュニティに対するIBMの取り組み
　I　ソニーのスマートグリッドへの取り組み
　J　低炭素社会実現に向けたNECの取組み
　K　日本無線（JRC）における
　　　スマートコミュニティ事業に対する取り組み
　L　高速電力線通信推進協議会における
　　　スマートグリッドへの取り組み

発行／科学情報出版（株）

●ISBN 978-4-904774-06-9

千葉大学 阪田 史郎 著

設計技術シリーズ
M2M 無線ネットワーク技術と設計法

本体 3,200 円＋税

1．ユビキタスシステムと M2M 通信
2．無線ネットワーク動向
 2.1 無線通信における変調方式，多元接続・多重化方式
 2.2 無線ネットワークの分類
 2.3 無線ネットワークの全体動向
 2.4 無線ネットワークと TV ホワイトスペース
 2.5 無線ネットワークの進展方向
  2.5.1 高速広帯域化
  2.5.2 ユビキタス化
  2.5.3 シームレス連携
3．短距離無線
 3.1 短距離無線の全体動向
 3.2 主な短距離無線
  3.2.1 特定小電力無線と微弱無線
  3.2.2 赤外線
  3.2.3 RFID
  3.2.4 NFC
  3.2.5 DSRC
  3.2.6 TransferJet
  3.2.7 ANT
4．無線 PAN
 4.1 無線 PAN の全体動向
 4.2 主な無線 PAN
  4.2.1 Bluetooth
  4.2.2 UWB
  4.2.3 ミリ波通信と IEEE 802.15.3c
  4.2.4 業界コンソーシアムの無線 PAN
5．センサネットワーク
 5.1 センサネットワークの全体動向
  5.1.1 センサネットワークの研究経緯
  5.1.2 ユニキャスト用ルーティング
  5.1.3 センサネットワークにおける通信の特徴
 5.2 主なセンサネットワーク
  5.2.1 省電力センサネットワーク（IEEE 802.15.4，ZigBee）
  5.2.2 測距機能つきセンサネットワーク（IEEE 802.15.4a）
  5.2.3 省電力 Bluetooth（BLE）
  5.2.4 ボディエリアネットワーク BAN（IEEE 802.15.6）
  5.2.5 業界コンソーシアムのセンサネットワーク
6．スマートグリッド
 6.1 スマートグリッドの概要
 6.2 スマートメータリング用プロトコル
  6.2.1 IEEE 802.15.4g（SUN）を物理層とするプロトコル
  6.2.2 ZigBeeIP，6LoWPAN/RPL を採用したプロトコル
 6.3 スマートグリッド関連プロトコル
7．無線 LAN
 7.1 無線 LAN の全体動向
 7.2 スマートグリッドの IEEE 802.11ah と TV ホワイトスペースの IEEE 802.11af
  7.2.1 IEEE 802.11ah
  7.2.2 IEEE 802.11af
 7.3 無線 LAN の物理層
  7.3.1 物理層標準化の経緯
  7.3.2 IEEE 802.11n の物理層
  7.3.3 IEEE 802.11ac（5GHz 帯ギガビット無線 LAN）の物理層
  7.3.4 IEEE 802.11ad（60GHz 帯ギガビット無線 LAN）の物理層
 7.4 無線 LAN の MAC 層
  7.4.1 無線 LAN 共通の MAC 層
  7.4.2 QoS 制御（IEEE 802.11e）
  7.4.3 ローミングとハンドオーバ（IEEE 802.11f，IEEE 802.11r）
  7.4.4 セキュリティ（IEEE 802.11i，IEEE 802.1x）
  7.4.5 メッシュネットワーク（IEEE 802.11s）
  7.4.6 ITS 応用（IEEE 802.11p）
  7.4.7 IEEE 802.11n の MAC 層
8．無線 MAN
 8.1 WiMAX の標準化の経緯と展開状況
 8.2 WiMAX の物理層
 8.3 WiMAX の MAC 層
 8.4 WiMAX-Advanced（IEEE 802.16m）
9．無線 WAN（携帯電話網）
 9.1 無線 WAN の全体動向
 9.2 第 3.9 世代携帯電話網（3.9G，LTE）
 9.3 第 4 世代携帯電話網（4G，LTE-Advanced）
10．ホームネットワーク
 10.1 ホームネットワークの全体動向
 10.2 ホームネットワークの検討経緯
 10.3 ホームネットワークのアプリケーション
 10.4 ホームネットワークの物理ネットワーク
  10.4.1 幹線ネットワーク
  10.4.2 支線ネットワーク
 10.5 ホームネットワーク関連の標準
  10.5.1 ホームゲートウェイ
  10.5.2 屋内 - 屋外間の通信
  10.5.3 ミドルウェア
  10.5.4 アプリケーション
 10.6 通信放送融合から通信放送携帯融合へ
  10.6.1 ワンセグ放送
  10.6.2 IPTV
  10.6.3 携帯端末向けマルチメディア放送（モバキャス）
  10.6.4 スマートテレビへの展開
 10.7 ホームネットワーク普及へのシナリオ
11．アドホックネットワーク
 11.1 アドホックネットワークとは
 11.2 アドホックネットワークの研究経緯
 11.3 アドホックネットワークと無線 LAN メッシュネットワーク
 11.4 無線用ルーティング制御
  11.4.1 リアクティブ型プロトコル
  11.4.2 プロアクティブ型プロトコル
 11.5 マルチキャスト用ルーティング制御
 11.6 アドホックネットワークと DTN
はしがき

発行／科学情報出版（株）

●ISBN 978-4-904774-39-7

産業技術総合研究所　蔵田 武志　監修
大阪大学　清川 清
産業技術総合研究所　大隈 隆史　編集

設計技術シリーズ

AR(拡張現実)技術の基礎・発展・実践

本体 6,600 円＋税

序章
1．拡張現実とは
2．拡張現実の特徴
3．これまでの拡張現実
4．本書の構成

第1章　基礎編その1
1．マーカーベースの位置合わせ
　1－1　ARマーカーとは
　　1－1－1 ARマーカーの概要／1－1－2 ARマーカーの特徴／1－1－3 ARマーカーの誕生と発展／1－1－4 マーカーを用いたARシステムの基本構成
　1－2　矩形ARマーカー
　　1－2－1 マーカー認識手法の概要／1－2－2 マーカー方式のメリット・デメリット
　1－3　その他のタイプのARマーカー
　　1－3－1 隠蔽に強く、広範囲で使用できるマーカー／1－3－2 美観を損なわないマーカー／1－3－3 姿勢精度を向上させるマーカー
　1－4　ランダムドットマーカー
　　1－4－1 概要／1－4－2 マーカーの認識と追跡／1－4－3 特徴
　1－5　マイクロレンズシートを用いた手法
　　1－5－1 認識精度に関する従来モアレパターンの問題／1－5－2 可変モアレパターンの活用／1－5－3 LentiMark と ArrayMark／1－5－4 LentiMark の姿勢推定法／1－5－5 ArrayMark の姿勢推定法／1－5－6 LentiMark、ArrayMark の改良・問題点②の改善／1－5－7 LentiMark、ArrayMark のまとめ
　1－6　ARマーカーのまとめと展望
2．自然特徴ベースの位置合わせ
　2－1　概要
　2－2　特徴点を用いた認識
　　2－2－1 認識の流れ／2－2－2 特徴点検出／2－2－3 特徴量算出／2－2－4 特徴量マッチング／2－2－5 その他の特徴を用いた認識
　2－3　特徴点を用いた追跡
　　2－3－1 2次元特徴点の追跡／2－3－2 3次元特徴点の追跡／2－3－3 その他の特徴を用いた追跡
　2－4　ARを実現する処理の枠組み
　　2－4－1 認識処理のみを用いた AR／2－4－2 認識と追跡処理を用いた AR／2－4－3 SLAM を用いた AR／2－4－4 認識処理のみを用いた AR のサンプルコード
　2－5　評価用データセット
　　2－5－1 metaio データセット／2－5－2 TrakMark データセット
　2－6　奥行き情報を用いた位置合わせ手法
　　2－6－1 奥行き情報を利用するメリット／2－6－2 奥行き情報を用いた位置合わせ処理

第2章　基礎編その2
1．ヘッドマウントディスプレイ
　1－1　拡張現実感とヘッドマウントディスプレイ
　1－2　ヘッドマウントディスプレイの分類
　1－3　ヘッドマウントディスプレイのデザイン
　　1－3－1 アイリリーフ／1－3－2 光学系／1－3－3 接眼光学系／1－3－4 ホログラフィック光学素子を用いた HMD／1－3－5 網膜投影ディスプレイ／1－3－6 頭部搭載型プロジェクタ／1－3－7 光線再生ディスプレイ
　1－4　広視野映像の提示
　1－5　時間遅れへの対処
　1－6　奥行手がかりの再現
　　1－6－1 調節(焦点距離)に対応するHMD／1－6－2 遮蔽に対応するHMD
　1－7　マルチモダリティ
　1－8　センシング
　1－9　今後の展望
2．空間型拡張現実感 (Spatial Augmented Reality)
　2－1　幾何学的レジストレーション
　2－2　測光補償
　2－3　光輪送
　2－4　符号化開口を用いた投影とボケ補償
　2－5　マルチプロジェクタによる超解像
　2－6　ハイダイナミックレンジ投影
3．インタラクション
　3－1　AR環境におけるインタラクションの基本設計
　3－2　セットアップに応じたインタラクション技法
　　3－2－1 頭部設置型 AR 環境におけるインタラクション／3－2－2 ハンドヘルド型 AR 環境におけるインタラクション／3－2－3 空間設置型 AR 環境におけるインタラクション
　3－3　まとめ

第3章　発展編その1
1．シーン形状のモデリング
　1－1　能動的計測による密な点群取得
　　1－1－1 能動ステレオ法／1－1－2 光飛行時間測定法
　1－2　受動的計測による点群取得
　　1－2－1 Structure-from-Motion の概要／1－2－2 Structure-from-Motion のバリエーション／1－2－3 Structure-from-Motion における高速化・安定化の工夫
　1－3　点群データ処理および AR/MR への応用
　　1－3－1 位置合わせ処理／1－3－2 統合処理／1－3－3 シーン形状の AR/MR への応用
2．光学的整合性
　2－1　光学的整合性とは
　2－2　光学的整合性に含まれる構成要素
　2－3　光源環境の推定技術
　2－4　実物体の形状・反射特性推定に関する技術
　2－5　AR/MR における実時間レンダリング技術
　　2－5－1 シャドウマップ／2－5－2 環境マップ／2－5－3 Image-Based Lightning (IBL)／2－5－4 事前に計算された GI 結果の活用／2－5－5 写実性の向上が期待されるその他の描画法／2－5－6 リライティング (Relighting)／2－5－7 最新の動向
　2－6　画質の整合性
3．ビューマネージメント、可視化
　3－1　アノテーションのビューマネージメント
　3－2　Diminished Reality
　3－3　焦点の考慮、奥行きの知覚
　3－4　まとめ
4．自由視点映像技術を用いた MR
　4－1　自由視点映像技術の拡張現実への導入
　4－2　静的な物体を対象とした自由視点映像技術を用いた MR
　　4－2－1 インタラクティブモデリング／4－2－2 Kinect Fusion
　4－3　動きを伴う物体を対象とした自由視点映像技術を用いた MR
　　4－3－1 人物ビルボード法／4－3－2 自由視点サッカー中継／4－3－3 シースルービジョン／4－3－4 NaviView
　4－4　まとめ

第4章　発展編その2
1．マルチモーダル・クロスモーダル AR
　1－1　マルチモーダル AR
　1－2　クロスモーダル AR
2．ロボットと連携する AR
　2－1　ロボットとセンサーインタフェース
　2－2　ロボットモーマンインタフェース
　　2－2－1 ロボット操縦のための AR インタフェース／2－2－2 ロボットの外装を変更する AR／2－2－3 内装を変更する AR インタフェース／2－2－4 ロボットの知覚情報・行動計画の可視化／2－2－5 AR 環境におけるロボットの機能拡張
　2－3　ロボットと連携する AR 技術の可能性
3．屋内外シームレス測位
　3－1　さまざまな測位
　3－2　ハイブリッド測位
　　3－2－1 屋内外シームレス測位のための情報協調方法／3－2－2 センサー・データフュージョンの概要／3－2－3 SDF の応用事例紹介
　3－3　歩行者デッドレコニング (PDR)
　　3－3－1 姿勢／位置／方位の推定／3－3－2 進行方向の推定／3－3－3 歩行動作検出と歩幅の推定／3－3－4 屋内外での移動検知／3－3－5 PDR ベンチマーク標準化に向けて
4．AR によるコミュニケーション支援
　4－1　AR による協調作業支援
　　4－1－1 協調作業の分類／4－1－2 AR を用いた協調作業の分類／4－1－3 協調型 AR システムの設計指針
　4－2　AR を用いた遠隔地間コミュニケーション支援
　　4－2－1 AR を用いた非対称型遠隔地間コミュニケーションシステム／4－3－2 AR を用いた非対称型遠隔地間コミュニケーションシステム

第5章　実践編
1．はじめに
　1－1　評価指標の策定
　1－2　データセットの準備
　1－3　TrakMark：カメラトラッキング手法ベンチマークの標準化活動
　　1－3－1 活動の概要／1－3－2 データセットを用いた評価の例
　1－4　おわりに
2．Casper Cartridge
　2－1　Casper Cartridge Project の趣旨
　2－2　Casper Cartridge の構成
　2－3　Casper Cartridge の作成準備【ハードウェア】
　2－4　Casper Cartridge 作成準備【ソフトウェア・データ】
　2－5　Casper Cartridge の選択
　2－6　Ubuntu Linux 用 USB メモリスティック作成手順
　2－7　Casper Cartridge の起動
　2－8　Casper Cartridge 利用時の注意
　2－9　AR プログラム事例
　2－10　AR 用ライブラリ (OpenCV、OpenNI、PCL)
　2－11　カメラトラッキングの演算出力
3．メディカル AR
　3－1　診療の現場
　　3－1－1 診療場の特徴／3－1－2 必要となる情報支援／3－1－3 AR 情報提供のために／3－1－4 事例紹介（歯科診療支援システム）／3－1－5 AR の外来診療への応用
　3－2　手術ナビゲーション
　3－3　医療教育への適用
　3－4　遠隔コミュニケーション支援
4．産業 AR
　4－1　AR の産業分野への応用事例
　4－2　産業 AR システムの性能指標

第6章　おわりに
1．これからの AR
2．AR のさきにあるもの

発行／科学情報出版（株）

●ISBN 978-4-904774-60-1　　　　　筑波大学　岩田 洋夫　著

設計技術シリーズ

VR実践講座
HMDを超える4つのキーテクノロジー

本体 3,600 円＋税

第1章　VRはどこから来てどこへ行くか
1−1　「VR元年」とは何か
1−2　歴史は繰り返す

第2章　人間の感覚とVR
2−1　電子メディアに欠けているもの
2−2　感覚の分類
2−3　複合感覚
2−4　神経直結は可能か？

第3章　ハプティック・インタフェース
3−1　ハプティック・インタフェースとは
3−2　エグゾスケルトン
3−3　道具媒介型ハプティック・インタフェース
3−4　対象指向型ハプティック・インタフェース
3−5　ウェアラブル・ハプティックス
　　　−ハプティック・インタフェースにおける接地と非接地
3−6　食べるVR
3−7　ハプティックにおける拡張現実
3−8　疑似力覚
3−9　パッシブ・ハプティックス
3−10　ハプティックスとアフォーダンス

第4章　ロコモーション・インタフェース
4−1　なぜ歩行移動か
4−2　ロコモーション・インタフェースの設計指針と実装形態の分類
4−3　Virtual Perambulator
4−4　トーラストレッドミル
4−5　GaitMaster
4−6　ロボットタイル
4−7　靴を駆動するロコモーション・インタフェース
4−8　歩行運動による空間認識効果
4−9　バーチャル美術館における歩行移動による絵画鑑賞
4−10　ロコモーション・インタフェースを用いないVR空間の歩行移動

第5章　プロジェクション型V
5−1　プロジェクション型VRとは
5−2　全立体角ディスプレイGarnet Vision
5−3　凸面鏡で投影光を拡散させるEnsphered Vision
5−4　背面投射球面ディスプレイ Rear Dome
5−5　超大型プロジェクション型VR Large Space

第6章　モーションベース
6−1　前庭覚とVR酔い
6−2　モーションベースによる身体感覚の拡張
6−3　Big Robotプロジェクト
6−4　ワイヤー駆動モーションベース

第7章　VRの応用と展望
7−1　視聴覚以外のコンテンツはどうやって作るか？
7−2　期待される応用分野
7−3　VRは社会インフラへ
7−4　究極のVRとは

発行／科学情報出版（株）

● ISBN 978-4-904774-28-1   京都大学 篠原 真毅 監修

設計技術シリーズ
電界磁界結合型ワイヤレス給電技術
―電磁誘導・共鳴送電の理論と応用―

本体 3,600 円＋税

第1章 はじめに
第2章 共鳴（共振）送電の基礎理論
2.1 共鳴送電システムの構成
2.2 結合モード理論による共振器結合の解析
2.3 磁界結合および電界結合の特徴
2.4 WPT 理論とフィルタ理論

第3章 電磁誘導方式の理論
3.1 はじめに
3.2 電磁誘導の基礎
3.3 高結合型電磁誘導方式
3.4 低結合型電磁誘導方式
3.5 低結合型電磁誘導方式 II

第4章 磁界共鳴（共振）方式の理論
4.1 概論
4.2 電磁誘導から共鳴（共振）送電へ
4.3 電気的超小形自己共振構造の4周波数と共鳴方式の原理
4.4 等価回路と影像インピーダンス
4.5 共鳴方式ワイヤレス給電系の設計例

第5章 磁界共鳴（共振）結合を用いた
5.1 マルチホップ型ワイヤレス給電における伝送効率低下
5.2 帯域通過フィルタ（BPF）理論を応用した設計手法
5.3 ホップ数に関する拡張性を有した設計手法
5.4 スイッチング電源を用いたシステムへの応用

第6章 電界共鳴（共振）方式の理論
6.1 電界共鳴方式ワイヤレス給電システム
6.2 電界共鳴ワイヤレス給電の等価回路
6.3 電界共鳴ワイヤレス給電システムの応用例

第7章 近傍界による
ワイヤレス給電用アンテナの理論
7.1 ワイヤレス給電用アンテナの設計法の基本概要
7.2 インピーダンス整合条件と無線電力伝送効率の定式化
7.3 アンテナと電力伝送効率との関係
7.4 まとめ

第8章 電力伝送系の基本理論
8.1 はじめに
8.2 電力伝送系の2ポートモデル
8.3 入出力同時共役整合
8.4 最大効率
8.5 効率角と効率正接
8.6 むすび

第9章 ワイヤレス給電の電源と負荷
9.1 共振型コンバータ
9.2 DC-AC インバータ
9.3 整流器
9.4 E2 級 DC-DC コンバータとその設計指針
9.5 E2級 DC-DC コンバータを用いたワイヤレス給電システム
9.6 むすび

第10章 高周波パワーエレクトロニクス
10.1 高周波パワーエレクトロニクスとワイヤレス給電
10.2 ソフトスイッチング
10.3 直流共振方式ワイヤレス給電
10.4 直流共振方式ワイヤレス給電の解析
10.5 共鳴システムの統一的設計法と 10MHz 級実験

第11章 ワイヤレス給電の応用
11.1 携帯電話への応用
11.2 電気自動車への応用 I
11.3 電気自動車への応用 II
11.4 産業機器（回転系・スライド系）への応用
11.5 建物への応用
11.6 環境磁界発電
11.7 新しい応用

第12章 電磁波の安全性
12.1 歴史的背景
12.2 電磁波の健康影響に関する評価研究
12.3 国際がん研究機関（IARC）や世界保健機関（WHO）の評価と動向
12.4 電磁過敏症
12.5 電磁波の生体影響とリスクコミュニケーション
12.6 おわりに

第13章 ワイヤレス給電の歴史と標準化動向
13.1 ワイヤレス給電の歴史
13.2 標準化の意義
13.3 国際標準の意義と状況
13.4 不要輻射 漏えい電磁界の基準；CISPR
13.5 日中韓地域標準化活動
13.6 日本国内の標準化
13.7 今後の EV 向けワイヤレス給電標準化の進み方
13.8 ビジネス面における標準化―スタンダードバトル―

発行／科学情報出版（株）

●ISBN 978-4-904774-67-0

九州工業大学　宮崎　康次　著

設計技術シリーズ

熱電発電技術と設計法
－小型化・高効率化の実現－

本体 4,200 円＋税

第1章　熱電変換の基礎
1－1　熱電特性
1－2　熱電発電のサイズ効果
1－3　ペルチェ冷却
1－4　ハーマン法
1－5　まとめ

第2章　熱工学の基礎
2－1　熱エネルギー
2－2　熱輸送の形態
2－3　フーリエの法則
2－4　熱伝導方程式
2－5　熱抵抗モデル
2－6　対流熱伝達
2－7　次元解析
2－8　ふく射伝熱

第3章　熱流体数値計算の初歩
3－1　熱伝導数値シミュレーション
3－2　陽解法、陰解法
3－3　壁面近傍における層流の強制対流熱伝達計算

第4章　熱電モジュールの計算
4－1　熱電発電の効率計算
4－2　p型、n型素子の最適断面積
4－3　In-plane型熱電発電モジュール

第5章　熱電発電計算例
5－1　In-plane型薄膜熱電モジュール
5－2　積層薄膜型熱電モジュール
5－3　熱電薄膜モジュールにおけるふく射熱輸送の影響
5－4　熱電モジュール形状

第6章　追補

発行／科学情報出版（株）

設計技術シリーズ
IoTシステムとセキュリティ
2019年6月21日　初版発行

著　者	東芝デジタルソリューションズ	©2019
発行者	松塚　晃医	
発行所	科学情報出版株式会社	

〒300-2622　茨城県つくば市要443-14 研究学園
電話　029-877-0022
http://www.it-book.co.jp/

ISBN 978-4-904774-73-1　C2055
※転写・転載・電子化は厳禁